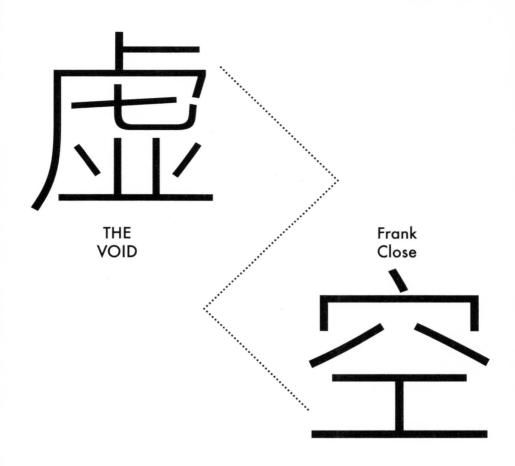

虚 空

THE
VOID

Frank
Close

宇宙
源起何处

[英] 弗兰克·克洛斯　著

羊奕伟　译

重庆大学出版社

虚空

致
谢

▼
▼

感谢我的编辑莱瑟·梅农（Latha Menon）鼓励我研究并撰写《虚空：宇宙源起何处》，同时，我也要感谢伊恩·艾奇逊（Ian Aitchison）、本·莫里森（Ben Morison）以及肯·皮奇（Ken Peach），感谢他们的中肯意见帮助我将这本书呈现在现实世界中的读者眼前。

CONTENTS

目
录

1 □□□□□ **庸人自扰** ···

1.1 / / / 对虚空的早期理解 / 7

1.2 / / / 憎恶从何而来？ / 13

1.3 / / / 空　气 / 15

1.4 / / / 制作真空 / 17

1.5 / / / 布莱斯·帕斯卡：水与酒的博弈 / 21

1.6 / / / 真空长什么样？ / 22

1.7 / / / 大气压强 / 24

2 □□□□□ **原子内部何其空旷** ·····························

2.1 / / / 电　子 / 30

2.2 / / / 原子到底有多空旷？ / 35

2.3 / / / 场　/ 39

2.4 / / / 场是否有大小 / 43

2.5 / / / 重力场和平方反比定律 / 45

2.6 / / / 波 / 48

3 ━━━ 空　间

3.1 /// 创世纪 / 52

3.2 /// 牛　顿 / 55

3.3 /// 空间及运动的概念 / 59

4 ━━━ 波在何处

4.1 /// 电磁场与波 / 68

4.2 /// 波的载体 / 72

4.3 /// 以太难题 / 75

5 ━━━ 随光束旅行

5.1 /// 空间、时间及时空 / 86

5.2 /// 时　空 / 90

6 ━━━ 自由空间的代价

6.1 /// 时空扭曲 / 94

6.2 /// 引力和弯曲 / 103

6.3 /// 宇宙膨胀 / 108

7 ⬚⬚⬚⬚⬚ **无限的海洋** ·········· ⌇⌇⌇

7.1 /// **量子世界** / 114

7.2 /// **波和量子不确定性** / 120

7.3 /// **沸腾的真空** / 126

7.4 /// **无限的海洋** / 133

8 ⬚⬚⬚⬚⬚ **希格斯真空** ·········· ⌇⌇⌇

8.1 /// **相和组织** / 140

8.2 /// **相变和真空** / 146

8.3 /// **改变真空中的力** / 150

8.4 /// **希格斯真空** / 154

9 ⬚⬚⬚⬚⬚ **新的虚空** ·········· ⌇⌇⌇

9.1 /// **宇宙的状态** / 160

9.2 /// **暴　胀** / 165

9.3 /// **更高维度** / 171

9.4 /// **搜寻虚空** / 175

书目提要 / 181

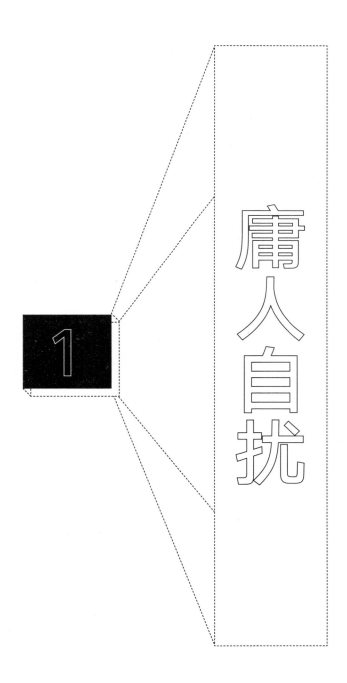

庸人自扰

1

我们当中很多人在年少时都会突然遇到这样一个问题："世间万物从何而来？"我们可能也好奇于在我们出生之前，我们的意识委身何处。你能识别你最早的记忆吗？当我刚开始上学时，清楚地记得之前两到三年发生的事情，特别是那些在海边的美好暑假时光，但当我试图回忆更早发生的事情时，印象就模糊了，直至消失。我被告知那是因为我太年幼，仅仅5岁（生于1945年）。我父母谈及的战争，以及战前发生在他们身上的诸多事情，对于我来说毫无意义。我所知的世界似乎是随着我的诞生而出现的，在那之前并不存在。那么，在我的意识世界开始"之前"，它们在哪里呢？

　　这种1945年前所有事物构成的奇幻的虚无世界持续困扰着我；接着在1969年，一件事情将要带给我关于这个问题的新的想法。

这一年，"阿波罗"10号掠过月球表面，展示给人类一个充满岩石和沙砾的不毛之地。这片灰色荒原一直延伸到月球的地平线，弧形地平线衬托出黑暗幽深的宇宙，其间点缀着星罗棋布的、闪烁的群星，以及无数无生命氢球聚变发出的恒定光芒。突然间，在这贫瘠的画面中出现了一颗绮丽的蓝色星球，拥有白色云朵和长满植物的绿洲：人类历史性地第一次见证了地球的升起。在这宇宙中至少有一处生命之所，巨量的原子在那里有序地聚集在一起，从而具有自我意识并能带着求知欲凝视这个宇宙。

如果没有智慧，生命会怎样？如果没有生命来了解，所有的存在又有何意义？百亿年前的景象可能会是这样：一个无生命的虚无世界在广阔的空间中盘旋，其间杂乱地充斥着等离子体云和贫瘠的岩石块。参照我个人的"1945年前"时期，那时重力舞动也在进行，只是没人意识到；这个"意识前"时期正如我的"1945年前"时期的一个巨大的扩展，虽然没有生命，但那时就存在的原子却构成了我们今天的身体。一旦参与进来，这些原子之间复杂的契合就变得有序，从而创造出所谓的意识并且可以看到宇宙远处"意识前"无生命时期发出的光。现在的我们可以接受并见证早期的无生命时期，它在这个事件之后已经成为一种现实。我们还不是从虚无中被创造出来的，而是源自原始的"粗糙物质"以及亿万年前形成的原子，它们的有序排列、聚集就形成了我们。

这就引出了我的终极问题：如果没有生命，没有地球，没有太阳和星星，没有用于聚集的原子，而只有虚无的空旷会怎么样？首先，我删除了我头脑中对宇宙的惯性思维印象，来尽力想象剩下的、一无所有的世界。接着，我发现了一个哲学家们早就明白的事情：思考虚无是极其困难的。年少无知时的我一直好奇在我出生前宇宙在何处，现在我考虑的是如果我压根儿没有出生，宇宙会如何。"我们是幸运的，因为我们终将死亡"[1]，因为所有可能的 DNA 组合是无限的，而其中有几十亿种永远无法引发出意识。对于那些永远无法出生或者已经死亡的东西，宇宙又该如何？几乎所有文明都创造了关于人死后的神话，所以过去的人很难接受当脑死亡之后意识只能消亡的观点。但是对于那些永远没有开始也不会开始的 DNA 组合，意识又意味着什么呢？

要理解意识的出现和消亡，和理解宇宙万物如何从无到有一样困难。物质是被凭空创造出来的还是原来就有的某种原始的东西？如果没人知道这里空无一物，那么这里还能空无一物吗？我越努力想解开这些谜团，就越感觉自己处在启蒙和癫狂的边缘。若干年后，作为一名资深宇宙学科学家，我又重新回到这些问题上，开启了一段寻找答案的新旅程。而所有的结果就是这一本薄薄的书。我为我之前问过自己这些问题而感到骄傲，因为数百年来这些问题一直被无数大哲学家提及，并且还没有公认的答案。在不同时期，当一种哲学学说力压群芳，人们接受到的智识也在进化。可以存在一种真空吗？一种一无所有的虚无状态？正如上帝是否存在的问题，这些答案似乎要看你怎么定义虚无了。

考虑到逻辑的巨大力量，古希腊哲学家们持有相反的观点。亚里士多德就曾断言不可能有一个完全虚空的地方。历史上甚至还随之出现了一个名为"自然界憎恶真空"的公理。我首先需要研究的问题之一就是这个公理意味着什么，以及为什么它会在过去两千多年里被奉为真理。稍微归纳一下，我们就会发现，这个理论一直持续到17世纪，而随着实验方法的出现，伽利略的学生们发现，对真空憎恶论的信奉源于对自然现象的误解。在每平方米的地面物体上都有10吨重的空气将气体挤压进任何可能的缝隙中，从而表面上看起来自然界是憎恶真空的。

正如我们所知，现在很容易通过抽气的办法获取真空。亚里士多德犯错了！我们至少可以得到如下结论：如果只有空气，那么抽气之后就空空如也。科学家们已经提出并使用更加精密的装置将这种意识作了拓展，人们清楚地发现，要得到真正的虚空世界，只抽掉空气是远远不够的。现代科学家们认为在理论上是不可能制造一个完全的虚空世界的，所以，也许亚里士多德最终还是对的。虽然如此，科学家们还是乐于在各种领域中使用时间和空间的真空理论，比如，现代物理的一个重要诠释就是完全集中在努力理解真空的特性之上。

我当年的天真问题似乎变得更加扑朔迷离，因为今天的我们知道了前人未知的东西：宇宙正在膨胀，而且从宇宙大爆炸算起的话已经膨胀了大约 140 亿年了。既不是太阳系、地球，也不是组成我们身体的原子在膨胀，人们普遍接受的理论是"空间本身"在长大。先不考虑"它膨胀成了什么"这个问题，我们对于最初的问题有了新的诠释：如果移除所有的东西，那么空间还会继续膨胀么？这自然地又需要回答另一个问题：如果移走空间内的所有物质，空间该怎么定义。空间和物质是相互依存的吗？即如果我理论上将这些星球、物质混沌等都删去，空间还会继续存在或是抹去物质的时候空间也会消失？让我们先参考一下古代贤明是怎么看这类问题的，比如是否可以移除空间内的所有物质？如果可以，结果会如何？宇宙大爆炸为何没有提前发生？上帝在创世之前在干什么？或者，变成我们的物质一直都存在吗？

1.1 对虚空的早期理解

从无到有、存在与消亡这些悖论在所有文明中都被争论不休。追溯到公元前1700年，古印度吠陀经典《梨俱吠陀》（*Rigveda*）中的赞美诗就唱道：

> 那里没有存在，也没有消亡。
>
> 没有空间的国度，也没有遥远的天空。
>
> 是何物驱动？在何处暗涌？❶

此类问题在古希腊时代就被哲学家无休止地争论。约在公元前600年，泰利斯拒绝接受虚无的存在：对于他来说，从无中不可能生出有，同样的，有也不可能消失为无。他将这种理论扩展到了整个宇宙，即宇宙不可能来自无。

当无的概念遭遇到逻辑准则，泰利斯抛出了一个问题：当人们思考无时，是否就产生了一些东西呢？根据古希腊的逻辑学，答案是：如果没人深思它，那么这里就只有无。而我之前的问题——如果无人知晓这里是无，那么这里还能是无吗——似乎已经在3 000年前就被肯定地回答了。虽然我一直以为，这些理论只是公理上的

在 Google 上可以找到很多对 *Rigveda* 的翻译。本书使用了印度学学者邓尼吉·澳弗雷哈迪（Doniger O' Flaherty）在 *The Rig Veda Anthology*（Penguin,1982）一书中的翻译。

断言，而没有得到证实。但是我发现在泰利斯之后没有人再定义过"无"这个概念，除了粗浅地说一说"无"就是"有"的反面这种无用之论。

　　之后，泰利斯将精力从研究"无"转向研究事物的本质。他曾成功预言了发生在公元前585年5月28日的日食，这个骄人的成就也印证了他的能力。因而人们如此认可他的理论也就不足为奇了。他提出，如果事物不能从"无"中被创造出来，那么必然有一种普遍存在的原始精华用来制造万事万物。而"世间万物从何而来？"这个问题又引出了另一个问题：假设我们从一个空间范围内移走了所有的物质，那么这个空间会回到最原始的"无"的状态吗？泰利斯对于这个疑问也提出了他的观点：他认为原始精华是水。冰、水蒸气和液态水是水的3种表相，因此他假设水可以变成其他无限多的形态，冷凝成岩石和其他万物。就像一个水坑看起来消失了，但之后又会以雨的形式从天而降——这就出现了蒸发器的概念，而这个概念让人认识到水是可以循环的。对于泰利斯来说，如果空间内的物质全部转化成了它们的原始形态，即如海洋一般的液态水，那么空间就完全"空"了。因此，水包含了物质所有可能的形态。（2 500多年之后的当代，这个理论已经死亡，但是现代虚空理论延续了这个概念上的术语，假定地认为其内部是一个无限深的基本粒子的"海洋"。）

　　38年之后（当然这里的年是我们的意识定义的），公元前 548 年，泰利斯重新回到了讨论"空"这个永恒的话题上面，但是他依旧认为有一种普遍存在的原始精华或者"Ur 物质"。但是这个"Ur 物质"的性质几经探讨仍然无法有定论。比如，赫拉克利特坚持认为它应该是火。那么火又是从何而来呢？答案是——火是永恒的，正如其他与创世之神有关的事物一样。而通过比较，阿那克西米尼（Anaximenes）认为它应该是空气。空气可以无限扩展，而且不同于水，它无处不在，从而成为宇宙万物之源的首选物质。

在公元前 5 世纪中叶，恩培多克勒（Empedocles）遇到了一个问题：空气是一种物质还是"空"无一物的空间。而他开始尝试使用实验方法来验证则是源于一种被称为"Hydra"的仪器的发明。这种仪器的主体包含一支玻璃管，一端开口，另一端是一个球形容器，球形容器底部分布了很多小孔，使得水可以穿过小孔流出——前提是管的开口端保持敞开；如果你用手指堵住它，水就不会流出了。如果清空 Hydra 然后浸入水池中，只要瓶口保持敞开，水就会流进来并重新装满瓶子。然后，如果用手指堵住瓶口，空气逃不出去，同时水也进不来。这说明：空气和水可以交替存在于同一个空间；空气离开前，水无法进入；空气是一种物质而不是"空"间。直到 17 世纪，托里拆利才解释了其中的过程及缘由。

恩培多克勒将 Ur 物质的概念延伸为 4 种元素：空气、

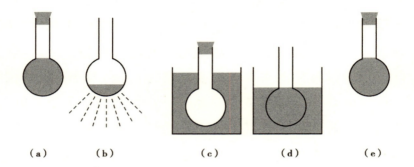

| （a） | （b） | （c） | （d） | （e） |

图 1.1

(a) 一个球形瓶装有水，在瓶底部有很多小孔。当顶部的盖子封住时，水会保持在瓶内。

当盖子打开，(b) 水会从小孔中漏出。

(c) 图中的空瓶子顶部的盖子封住，然后浸入水池中，水不会进入瓶内。

(d) 打开盖子后，水会通过小孔进入瓶内。

(e) 再次合上盖子，一个装有水的球形瓶又能完好如初地从水池中提出来了。

水、火和土。他提出了早期的力量的概念：力量就是爱和恨，是吸引和排斥的驱使者。毫无疑问，他是区分物质和力的第一人，但是他仍然坚持认为不可能有完全空的"空"间。

物质的很多形态都是颗粒状的。而将颗粒球形的物体装在一起时，它们之间会产生空隙。而这种方式排列的"空"间中不可能存在虚空。恩培多克勒认为是一种叫以太的东西，它比空气更轻，填满了颗粒之间的空隙，实际上填满了整个宇宙。

阿那克萨戈拉（Anaxagoras）也拒绝接受"空"间的存在以及"无"中生"有"的理论。他认为物质是从混沌中重新排列后出现的，而非来自"无"中生成的宇宙物质。混沌重排理论承认物质会进化和改变，就像我们吃的食物最终形成了我们的身体一样。基础元素在改变总体结构时表现出的这种性质催生了原种论以及原子论。阿那克萨戈拉相信不存在最小的原子，物质可以被无限分割，因此无须担心球体间的接触会有空隙，不需要用于填充空隙的以太。

伊壁鸠鲁（Epicurus，公元前341—前270年）和留基伯（Leucippus）、德谟克利特（Democritus）一起，继续坚持否认"无"可以生"有"。他们被认为是原子理论、小型基本不可分割原种理论的原创者。他们提出了概念，认为存在虚空和"空"间使得原子在其间穿行。这个理论认为，如果在某处已经存在某物，那么原子就没法再进入此处。要使这种穿行成为可能，那么必然有"空"间使得原子可以进入。他们甚至设想了一个无限大真空宇宙，其间充满移动的原子，它们虽然个体过小无法分别观测，但是抱团形成了可见的宏观态的簇。原子不停地运动，但是整个簇看起来却是大体静止的。这个构想有点像一个非洲蚁窝，远看像一个静止的土堆，但是靠近时会发现它包含数百万个移动的小个体。

虽然这种原子理论和现代物质理论很像，但在 2 000多年的人类文明中占主流地位的亚里士多德的观点却是与之背道而驰的。亚里士多德认为虚空必须是彻底规则和对称的，必须前后相同、左右一致、上下一样。这个概念也在《梨俱吠陀》的赞美诗《创世圣诗》中出现：

有上耶?

有下乎?

在这种哲学体系下，物不会自行掉落或者移动，而只能稳定存在于此。这其实就形成了后来牛顿力学的一个大概。但是亚里士多德认为这种性质导致"无"是不可能存在的，并从逻辑上将虚空不存在的观点进行了最为清晰的表达。假设"空"间是一种物质，并且现在你将一个物质放入这个"空"间，那么在同一空间点上就同时存在了两个"物质"。如果上述情况有可能的话，那么推广到现实世界中就会荒谬地允许任何两种物质同时存在于同一地点。所以，在亚里士多德看来，逻辑上空间不可能是一种物质，因此也是一种非存在。他将虚空定义为没有存在体，并且因为物质的基本元素是永恒存在的，因此不可能有一个地方是完全空的。

小结一下，亚里士多德逻辑否认虚空的存在，并使得学术界普遍认为"自然界憎恶真空"。这种观点长期被认为是不证自明的，虽然现在我们知道那是错误的。

1.2 憎恶从何而来？

"自然界憎恶真空"作为智慧格言被人们信奉了 2 000余年，一直持续到中世纪，因为它毫无疑问是对所有日常生活现象的最简单直观的解释。当我们尝试将空气从吸管里面吸出来时，空气又会从吸管另一端漏进来，这和从房间里面抽空气出来是一样的道理。当然，可以用手指堵住吸管的一端，再从另一端吸气：这也不能得到真空，得到的只是一根吸瘪的吸管。或者，可以将吸管一端插进一杯果汁里再吸：那么最终你只会喝完一大杯果汁而已。没有通过吸气制造出真空，但是似乎液体违反重力定律而升高并充满了吸管。我们很容易，或者说自然而然地会想到：是本来该形成的真空将液体抽高，以至于真空没能形成。人们不停探索，但是一直找不到这些问题的答案。直到 17 世纪，伽利略和当时最饱学之士历经千辛万苦才梳理出这种现象的正确解释。

一些其他的例子似乎也能得到类似的结论。我们将两

庸人自扰

个沾了水的平盘叠起来后，通常将一个盘子从另一个滑开是容易的，但是如果试图直接将两个盘子掰开就十分困难了。人们曾经幼稚地解释为：如果掰开盘子，那么就会制造出真空，而"自然界憎恶真空"，因此就不可能掰开盘子。

回到饮料吸管：吸一两秒之后，我们用手指堵住吸管的上端，同时将下端留在果汁里。吸管里就会得到一条美丽的液柱。松开手指，果汁就会流回到杯子里：为什么手指不松，果汁就流不回去呢？"自然界憎恶真空"理论又来了。为什么液柱不分成两段，低的部分流回杯子，而高的部分则留在吸管里？按照之前的解释，如果分段，在上下分开的缝隙处就会形成真空。这样看来，吸管中留下的液柱更证明了自然界对于真空的憎恶。

上述解释被人们奉为真理近 2 000 年，当然实际上是错误的。而在发现真理的道路上，更大的阻碍在于：很多人坚信上帝不会创造一个东西称为"无"，因此显然不会有真空。在当时，如果你逆潮流地坚持说真空是可以存在的，那么你措辞必须小心谨慎，以免被打成邪教去接受审判。有一个取巧的观点这样说：上帝无所不能，可以创造有，那么也可以创造无；如果认为不能创造无，那么就是限制上帝的能力；所以，真空是可以存在的。之后遭遇邪教门的伽利略就认为真空可以存在，并且是第一个计划进行实验验证的人。通过实验的方法来检验理论想法，这在当时是很激进的，所以也很危险：异教徒的结局往往是被烧死。然而，正是得益于这些实验，人们最终才解开了真空憎恶现象的谜团，并且理解了真空的各种性质。科学家们沿着这条路继续深入地研究，才陆续发明了很多我们现在觉得理所当然的设备。

1.3 空 气

在孩提时期，我们所认知事物的自然规律是：移动的物体会自动减速，并且轻的纸张会比重的石头落地更慢。而伽利略的实验建立了真正的自然真理，并由此引出了之后的牛顿定律：运动物体会做匀速直线运动，除非受到外力作用。

伽利略是第一个发现空气也有重量的人。当容器被加热，其中的热空气就会上升并从开口处跑掉。受这个现象的启发，伽利略将加热前后的容器进行称重，发现加热跑掉的空气带走了一部分重量。这就证明了空气是有重量的。但由于没法确定实际跑掉的空气的体积，他没法计算空气的密度。不过接下来他将一个气球充满空气，接着换成充满水，最终他得出结论，认为空气的密度比水小 400 倍。他的实验虽然简单粗糙，但却意义非凡：今天我们所知道的准确值是在海平面处，空气密度大概比水小 800 倍。

和所有在厉风中艰难前行过的人一样，伽利略也意识到空气能够产生力，虽然直到数十年之后牛顿才将力、质量和加速度完美联系起来。空气可以阻止移动，就如同风可以吹动轻盈的羽毛，甚至在完全静止的空气中羽毛下落的速度

庸 人 自 扰

也比石头慢得多。如果是石头和铅块，体积相似但质量不同，它们下落的速率却相同。由此，伽利略直觉上认识到了一个自然界规律：是空气阻力影响到了羽毛。

　　空气存在的影响是十分出人意料的。其对运动的阻力使得我们即使在高速路上匀速驾驶也得一直踩着油门。踩油门意味着能提供汽车前进所需的动力；如果没有空气阻力，那么踩油门提供的动力将会不停地对汽车进行加速。但是实际上当速度越快时，其反方向阻力就越大。只有当油门提供的动力和空气造成的阻力精确平衡的时候，汽车才能完全以恒定速度前行。

　　当汽车驶过后，车后方会造成空气旋涡并且立即形成短时的"稀薄"空气。正是这种车前方的高气压和车后方的低气压之间的压力差形成了净阻力。所以，在更好的空气动力学设计下，空气会更快地填满车后的空间，那么，汽车前后的气压差就会更低，自然空气阻力也会更小。汽车设计，抑或竞赛自行车及高山速降滑雪所用的头盔，目的都是为了最小化空气阻力：这也是一个巨大的产业。

　　如此明显不过的例子在 17 世纪的时候却是很难见到的，所以才凸显出伽利略透过现象见本质的天赋。一粒鹅卵石掉进黏稠的蜂蜜中几乎立即就停住了，而掉入水中的话阻力就小很多，更别说掉进空气中了。伽利略就此预测：如果没有空气阻力，所有的东西下落的速度就会一样。虽然伽利略不能制造出真空，但理论上存在真空状态这一概念对于他来说已经没有哲学上的问题，只是技术上过于困难而无法完成。在 300 年之后，"阿波罗"飞船上的宇航员在月球表面扔下了一片羽毛和一粒石子，人们终于以一种极其直观的方式验证了伽利略的理论。而最初的实验其实早在 1717 年 10 月 24 日就由德萨吉利埃（J.Desaguliers）在伦敦皇家学会牛顿分会完成了。

1.4　制作真空

伽利略知道，抽取式水泵最多只能将水抽到 10 米高。自然会阻止真空的形成，但是似乎存在限制：虽然不知道是何物在阻止真空的形成，但当水到达 10 米之后，此物看起来是被打败了。伽利略想知道，如果他用密度最大的液体——水银来代替水，将会有什么效果。伽利略有一个学生名叫埃万杰利斯塔·托里拆利 (Evangelista Torricelli)，其在伽利略的指导下于 1643 年得到了答案。他利用一支一端密封的长约一米的玻璃管，以及一个装满水银的杯子完成了一个简单的实验并分析了结果。

对于这个实验，现代的科学教材可能会描述如下：首先，用一支一端密封的短管，10 厘米或 20 厘米长足矣，其中装满液体。用手指将开口端堵住，然后将管子倒过来，小心地将其放入液体杯中，当开口端没入液面之下后轻轻将手指移开。当开口端在液面以下时，管中的液体会老实待着：液面上方会保留着一条美丽的水银柱。托里拆利实验使用的液体是水银，当然这种物质由于其毒性，今天已经越来越少被用来进行验证演示了。他发现，管中的水银和杯子上方的空气之间的相对质量会直接关系到液柱的支撑能力。更加准确地说，为了平衡杯中水银上方的空气压力，管中的水银必须存在一定的高度。其实托里拆利的实验中所使用的管子大概有 76 厘米长，并且曾经出现一个难题：如果将一支 1 米长的管子装满水银，同样倒过来并将开口端浸入液体杯中，那么水银柱会往下掉直到高度是 76 厘米，然后保持稳定。那么在管子顶部出现的 24 厘米长的空间里面是什么东西呢？曾经充满水银的这 24 厘米，现在似乎什么都没有了。由于空气不会进入这 24 厘米，托里拆利意识到：他成功地制作出了真空。

在海平面，我们上方的空气重量会形成每平方厘米约 1 千克的力，相当于每平方米受力约 10 吨。对于空气的巨大力量最著名的验证当属奥托·冯·格里克（Otto von Guerick）的实验，此人在德国马德堡市做了 30 年的市长，并且是一位在科学普及方面有着巨大天赋的科学家。

1654 年，他进行了其"真空秀"，使用了 16 匹马、两个直径约 1 米的中空铜质半球，还邀请了当地的消防部门。这两个半球被组装成了一个整球。格里克首先演示轻松地将两个半球分开又合拢。当然，正如魔术师表演时一样，他随机邀请了几名现场观众来确认分开、合拢两个半球确实

图 1.2 马德堡半球实验

庸 人 自 扰

是容易的。接着，真正的表演开始了，由马德堡消防部门提供的真空泵被接入其中一个半球的阀门上，然后对整球抽气。数分钟后，他宣布球内的空气已经抽完，然后关上阀门，移除真空泵，并邀请现场观众再来分开两个半球——这自然就变成了不可能的任务。为了增加表演的戏剧性，使其更容易被人铭记，每组8匹马的两组马队整装待发，一队拉住一个半球，另一队拉另一个半球。教科书对之后的结果描述得很简单：两组马队反方向拉两个半球却没有拉开。但事实往往充满偶然并复杂得多，先是每匹马"各自为政"，拉的方向不统一。格里克进行了六七次尝试才使得这两组马队步调一致且方向统一。然后它们就开始了声嘶力竭的"战争"，两组马队倾尽全力进行反方向拉拽，但是这两个半球严丝合缝，根本没有一点分开的意思。最后，格里克将放气阀门打开，等空气进入球内之后，两个半球就被轻易地分开了。

在格里克的实验里，当球壳内的空气被抽走之后，由于没有球壳内部的压力补偿，上空的大气重量就全部压在球壳外部，净压力约10吨每平方米。虽然黄铜球壳的强度很大不会被大气压瘪，但是8匹马组成的马队的力量就不足以克服球壳外表面数吨重的压力了。

1.5 布莱斯·帕斯卡：水与酒的博弈

在法国也有一位具有表演天赋的科学家，他就是布莱斯·帕斯卡（Blaise Pascal）。他重复了托里拆利的实验，但是分别使用了水和酒来代替水银。

帕斯卡选择了在法国鲁昂进行这个实验，其观众多达数百人。实验用的管子长达 15 米，通过可倾斜式桅杆可以将管子竖起来与地面垂直。之所以要用这么长的管子，是因为水和酒的密度比水银小约 15 倍，由此大气压力支撑的液柱高度会增加 15 倍，总共增加约 11 米高。这个实验的影响力和其规模一样庞大，人们拭目以待：水和酒，哪个液柱会高一些呢？

在你作出判断之前，你必须知道两件事：酒的密度比水小，即每升体积更大一些，但是酒更易挥发（鼻子能闻到酒味就是因为酒挥发出来的蒸汽），相应水的挥发性就差很多了（除非被强力氯化）。仅考虑重量时，显然密度更大的水形成的水柱比酒形成的酒柱要低，这与水银柱比水柱和酒柱都要低是一个道理。但是，液柱下降后，在管子顶端形成的空间内会发生什么呢？

我们必须考虑到在当时没有人相信真空的存在——"无"的理念在当时被认为是无稽之谈。当时的一种"解释"认为，是液体挥发的蒸汽弥漫并占满了管子的顶端空间，所以挥发性越强的液体上端形成的空间应该越大。那么根据这个理论，酒挥发性更强，因此上端的空间更大，液柱自然越低。然而，如果是大气压力作用于液柱周围的液面从而支撑起液柱，那么更轻的酒形成的酒柱就应该低于水柱——酒柱和水柱都高于水银柱也是相同原因。

帕斯卡用实验给出了答案，他将两个管子分别加满水和酒，再将管子竖立，其高度远远高于周围的屋顶。结果显示，酒柱比水柱高。就此，帕斯卡证明了挥发气体并不是上部空腔形成的原因；大气压力决定了液柱的高度。而液柱上方的空间里空无一物，那里就是真空❶。

证实真空存在后，严格地说并不能全然否定蒸汽的作用。酒蒸气确实有弥漫到液柱上方的空腔内。其造成的"蒸汽气压"会略微地将液柱压低一点，之所以说"略微"，那是因为相对外部大气来说蒸汽是非常稀薄的。通过精确测量水和酒的质量比和液柱高度比之后，发现确实酒的挥发性导致了液柱的小幅降低。因此液柱上方空腔并不是完全空无一物，只是相对外部大气显得微不足道而已。

1.6　真空长什么样？

托里拆利制造出了真空，或者说至少制造出了一个没有空气的空间，看起来是一个虚空。但是，它是什么："无"的性质是什么？

英国人罗伯特·胡克（Robert Hooke）制造了真空泵，接着罗伯特·博伊尔（Robert Boyle）用它来抽空了一个很大的空间，比托里拆利的大得多。这也使得他能够进行实验，研究真空的特性。他通过观察小鸟和老鼠的窒息来确定空气是否被抽空：当时的道德观和现在稍有不同。透过真空依然可以看到对面的灯光，说明光可以穿过真空。然而，当空气抽走后，其中的铃声却无法传出了。

在法国，布莱斯·帕斯卡设法对真空进行了称重实验。他设计了一端有注射器的一支管子，然后用它从杯子里抽取水银。水银柱随着抽取不断上升直至 76 厘米高，之后就停在那儿了。这一步与托里拆利实验很相似。接着，帕斯卡继续拉注射器的活塞，水银保持不变，但是注射器管道长度增加了：水银柱上方的空腔增大了。在这个过程中，帕斯卡将整个装置放在重量计上。在整个过程中，装置的重量保持不变。水银进入管子时，总的水银量没有变化，只是从杯中转移到了管内。一旦液面高度达到 76 厘米并停住，液柱上方的空腔就开始增加。空腔内充满的就是"真空"。就此，帕斯卡证明真空没有通常所说的质量❶。

实际上他的仪器精度不够。当注射器内空腔增大时，活塞另一端的空气被排出，最初由空气充满的体积内变成了真空，空气减少，整个装置的质量会减小。虽然真实质量应该减小，但是就帕斯卡的实验目的而言，其结果是激动人心的：不论托里拆利实验抽出的空腔内是何物，它都没有质量。

1.7　大气压强

　　每单位面积上的压力被定义为压强。正如你可以用滑雪板在雪地里驰骋，而穿普通的鞋子就要陷进去：滑雪板将你的体重分布到了很大的一个面积上，因此单位面积上的压力——压强就减小了。在海平面上，大气压强和 76 厘米汞（水银）柱压强一样大，也等于约 11 米高的水柱压强。

　　如果你头上顶着 76 厘米汞柱，那么你感到的总压强就是两个大气压——一个来自大气，而多出来的另一个则来自汞柱。如果在海里潜水，感觉会更加明显：海水比淡水密度略大，潜入 10 米以下就足够感觉到两个大气压了。每多下潜 10 米，就会增加约一个大气压。之前"自然界憎恶真空"这样的咒语来源于诸多自然现象，而这些自然现象的根源就是外部的大气压。

　　人体的皮肤表面积约为 1 平方米，这意味着在海平面上大气会加载给人约 10 吨重的力，并随着你潜水深度的增加而受到海水的额外压力。这么大的力，为何人没有感觉到呢？压强是空气分子互相作用平衡的结果。空气分子以同样的力作用于上下左右，相互抵消，没有净力，也不会加速。这种作用在液体水的压强中也适用。人类肺中的空气将会向外产生与外部大气一样的压强。这种内外空气压强的平衡，才使得我们感到舒适。如果突然改变这种压强，譬如处于快速下降的电梯或者降落的飞机内，抑或在游泳时突然下潜，人就会感到不适，耳朵会出现"爆音"。

海拔的突然变化会导致压强的变化。这是因为大气是有限的：高海拔处人更接近大气层外表面，头上的空气较少，因此压强更低。不同于海天之间的交界非常明确，大气表层则相对平缓得多，越往外空气越稀薄，直到最终进入完全真空的外太空。这就是人类的最初认知。

布莱斯·帕斯卡在 1648 年完成了一次意义深远的实验，该实验显示气压计的液柱高度与海拔息息相关，帕斯卡由此推论出气压存在临界值。他的姐夫弗洛林·佩瑞尔（Florin Perier）在海拔 850 米的 Puy-de-Dome 山顶测量了汞柱的高度，在相同的时间点，山脚下也在进行相似的实验。山脚的汞柱高度为 76 厘米，而在山顶要低 8 厘米。由此可见，随着海拔升高，汞柱高度会降低，这是由于海拔越高气压越低，也可以说因为高度越高，其上空大气质量越小，向下压力也越小。

人们由此发明了高度计——利用测量与海平面之间的相对气压来确定海拔高度。然而更加深奥之处在于其对大气本身性质研究的意义。它暗示了地球是被一层有限的空气球壳密封起来的，大气层与海洋一样也有"海面"，但其上方似乎空无一物❶。这被当时的

亚里士多德也曾认为大气和海洋一样存在"海面"，但是他认为"海面"上方是一片火海。

一些宗教哲学家认为是妖言惑众，他们不认为上帝会创造譬如真空等的一无是处的事物。尽管如此，新的实验方法不断揭露了这些迷信的真面目，在之后的数个世纪内这种揭露屡见不鲜。

今天我们可以通过各种不同的方式来感受大气压强的存在。大气压强随着海拔升高而降低；在珠穆朗玛峰顶的大气压是海平面大气压的 1/3，那里汞柱的高度只有 25 厘米。这就是我们上方 10 千米的情况。当飞机在这个海拔高度飞行时，机舱内必须加压，通常加压到海拔 1.6 千米高的大气压水平。这意味着舱内的加压空气在每平方米上加载的压力比外部稀薄空气产生的压力要大得多。这一结果导致在机舱门的位置会产生数吨重的向外推力。大家在下次乘坐飞机时，可以认真欣赏一下舱门的巧妙设计——打开时必须先向内拉拽然后再转动开舱，以保证不能直接向外打开；向外的压力实际上帮助了舱门在飞行过程中纹丝不动。

在距地面高度 100 千米处的大气压是地表的十亿分之一；在 400 千米高度是万亿分之一；在与月球之间的太空中已经降低到 10 的 19 次方分之一——比质子相对于 1 千米的尺寸比例还小。因此我们可以说大气本质上是禁锢在一层薄薄的球壳中，这个球壳厚度不足地球半径的百分之一。而更广为人知的是，一些政客似乎更加关心人类正在如何污染这片赖以生存的神奇大气层。越接近大气层顶部，上方的空气质量越小而压强越低。在宇宙飞船飞向月球过程中，旅程的前 10 千米穿过的大气物质会较多，之后越来越少。如果飞船飞到更远的星球上去，那么物质就更加少了。

即使在地表位置，大气压也并不是一成不变：晴好时气压较高，风暴时气压较低。"水银掉下来了"曾是对坏天气的一个著名的隐喻。"自然界憎恶真空"，这条曾被宗教和历史哲学家坚信不疑的理论，最终还是被埋在滚滚历史红尘之中了。帕斯卡也注意到了相似的一些特点，山顶相较于山谷，阴雨天相对于晴好天，自然界似乎都更憎恶真空——正是空气的质量导致了所有那些哲学家们曾归咎为"虚构的原因"**❶**的自然现象。

❶ B.Pascal, 死后被 H.Genz 在 *Nothingness* (Perseus,1999) 一书中引证。

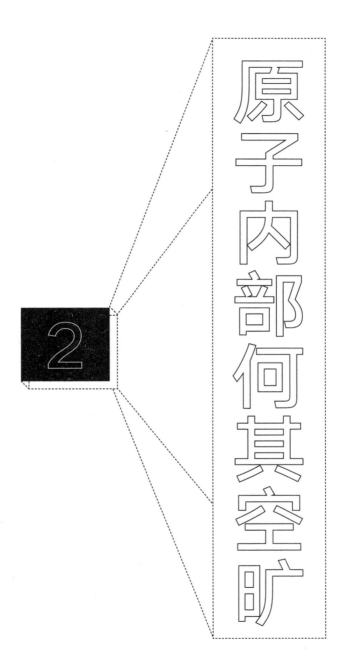

2

原子内部何其空旷

2.1　电　子

　　人类发现电现象已经有上千年历史，但很多现象（譬如磁性指南针、闪电火光、电的属性等）一直到 19 世纪仍是未解之谜。在孩提时期，我从跳蚤市场花一便士买了一本书，其中详细记录了 19 世纪末发生的各种相关的科学故事。书名为《科学问答》，1898 年出版，书中在回答"电为何物？"这个问题时，它引用了维多利亚时代情景剧的台词"电是一种无法估量之流体，是人类的未解之谜"。经过 100 年之后，现代的电子通信及整个相关产业都是得益于汤姆森在 1897 年发现了电子，并由此在《科学问答》出版前的整整一年回答了以上问题，才使得今天资讯的交互变得迅速得多。

电子以电流的形式流过电缆并建立起了现代工业的能量输送方式；穿过我们迷宫般的中央神经系统，使我们保持知觉；是物质原子的基本组分，其在原子间的传递最终支撑起了后来的化学、生物学以及我们的生命体。

电子是所有物质的一种基本粒子，它是一种最轻的带电、稳定、无处不在的粒子。所有固体结构的形态都可以通过原子边缘的电子回旋形式来描述。电子无处不在，正因如此，19 世纪人们通过各种物质来抽取制作真空的能力的发展才导致了这种物质组分的发现。

虽然最初人们并没有直接接触到虚空这个问题，但是很久以来人们就感觉到物质是具有神秘性质的。古希腊人很早就意识到一些问题，譬如琥珀在与皮毛摩擦后具有吸起碎纸片的能力，而在希腊语中电子和琥珀用词是相同的。更现实一点，在干燥的天气中用梳子快速地梳动头发，你就可能看到火花的出现。玻璃以及一些宝石在摩擦后也可以吸附物质。在中世纪的欧洲宫廷，人们就已经知道很多物质在摩擦后都具有神奇的吸附能力。威廉·吉尔伯特，伊丽莎白一世时期的宫廷物理学家，提出物质具有"电优性"，而且电是一种"无法估量之流体"（正如我前面提及的 1898 年出版的书里描述的一样），可以通过摩擦的方式在物质之间传递。获取或者失去这种电优性就如物体正在被充电或者放电。

美国人本杰明·富兰克林曾为美国宪法的制定而呕心

沥血，他同时也对电现象十分着迷，尤其是闪电现象。乌云是一种自然的电子产生器，可以创造百万伏的高压并产生足以致命的闪电。富兰克林的见解认为，物质都具有潜在的电能，其可以在物质之间相互传递。但是没人知道这种无法估量之流体究竟为何物。

今天我们知道这一切源于电子，其质量仅有典型原子的约 1/2 000，而且由于电流活动中仅有很少部分的电子参与其中，因此物质充电后其质量变化极小而无法被测到。那么这种无法估量的流体是怎样在之后被单独列出并被研究的呢？

通常电流是在物质内部流动，譬如导线，然而人们无法直接观察导线内部的情况，由此人们想到了摆脱导线而直接观察电火花。闪电现象说明电流可以穿过空气，人们由此萌发出想法以使电流从通常的金属线导体中剥离出来、暴露出来，从而直接观察。

由此，科学家们尝试在玻璃管道中充入不同的气体来制造电火花。常压下的空气可以导电但是会遮蔽电子的流动现象。如果将气体从管道中慢慢抽出，最终应该会只剩下电流。随着工业革命以及更高级的真空泵的出现，科学家能够在真空管道内的稀薄气体中实现放电，并观察到了很多奇异现象。最终，电渐渐被揭开了其神秘面纱。在 1/15 个大气压下，电流会在空气中形成飘浮的发光云团，这使得英国科学家威廉·克鲁克斯（William Crookes）能够确信他当时正在制造灵异物质，而这对于维多利亚时期的降神会来说则更加重要，他们利用它宣扬灵异主义。

而这种微弱的灵异现象发光的颜色与气体种类有关，比如钠会发黄光，现代照明中常用的汞会发绿光。这是由于电子流碰撞进入气体原子中，进而从原子中释放能量发光。随着气压进一步降低，发光现象最终会消失，但在靠近电源位置的玻璃表面会产生微弱的绿色微光。1869 年，人们发现管道内部的物体会在这种绿光作用下产生投影，从而证明在这种实验条件下，电流源处会放出射线并轰击玻璃管壁。克鲁克斯发现磁场会使这种射线发生偏转，说明它们带电。到 1897 年 J.J. 汤姆森（J.J. Thomson）同时使用磁力和电力（通过将电池的两极连接在管道内部的两块金属板上）成功使得电束流发生了偏移（这就是电视机的简单原型）；通过调整磁力和电力的强度，他成功地发现了电流组分的一些性质，并由此发现了电子，其质量极小，甚至与最轻的原子——氢原子相比也微不足道。概括他的实验，其不再研究气体管道或者导线中的电性质，而将电流引入真空管道中，最终推论出所有原子中的带电组分都是电子。

电子的质量比最小的原子还轻约 2 000 倍，科学家认识到这点之后，就立即明白了为何电子可以如此轻易地在铜导线中穿行。原子曾一直被认为是基本粒子，而电子的存在完全推翻了这个理论，其显示原子具有复杂的内部结

原 子 内 部 何 其 空 旷

构，其中电子包围着一个致密的中心原子核。

菲利普·莱纳德（Phillipe Lenard）使用电子束轰击原子，发现电子束会直接穿透原子，一路形同无物。莱纳德总结了这种出人意料的情况——似乎固体在原子尺度上是透明的，并认为"一立方米的固体铂内部其实和浩瀚星空一样空旷"。

形象地说，我们书中的每一个句号，它用的油墨就包含了 1 000 亿个碳原子。如果想用肉眼看到这些原子，就需要将这个句号扩大到 100 米的尺度。这个尺度虽大，但是似乎还可以接受。然而，如果要用肉眼看到原子核，你就需要将句号放大到 10 000 千米的尺度：与地球两极的间距相当。

氢是最简单的原子，它可以提供给我们原子幅度和内部空旷度的信息。其中心核是一个单独的正电性粒子——质子。电子远离中心质子，其运行轨道决定了原子的边缘尺寸限制。如果从原子的中心开始向外旅行，到达质子边缘的时候我们只是完成了整个旅程的万分之一。最终我们会到达遥远处的电子，其大小微乎其微，不足质子的千分之一，更不足原子的千万分之一。真空曾帮助人类发现物质除了包含原子之外还有电子，而当真正制造出一个近乎完美的真空时，我们看起来已经成功证明了原子是一个近乎完美的虚空体：99.999 999 999 999 9% 的部分都是空的。莱纳德并没有判定原子的内空性：相比原子内部微粒物质来说，外部空间的氢原子的密度已经算很大了。

　　原子核本身十分脆弱。如果将中子或质子放大 1 000 倍，我们会发现它们也具有丰富的内部结构。就像一大群蜜蜂，远远看去似乎是一个黑点，近看会发现是很多嗡嗡作响、威力无限的小家伙。这与中子和质子很相似，在低成像能力下它们看起来就是一个简单的点，但是在高分辨率下就能发现其是由更小的粒子——夸克组成的簇团。我们必须将句号放大到 100 米的尺度才能看到原子；放大到地球大小才能看见原子核。而要显示出夸克，得把句号的半径继续向外增大，跨过月球之后还要继续走 20 倍的距离。

　　正如质子、中子相对原子来说很小一样，夸克相对质子或中子来说也很小。在原子层面上，中心致密原子核与外围电子之间存在广大的空旷区域，而相似的情况在原子核内部同样存在。总的来说，原子的基本结构远远超出人们的想象，而其中的空旷更是极其深奥。

2.2　原子到底有多空旷？

　　"欧洲核子研究中心"简称 CERN（European Centre for Nuclear Research），1955 年成立，一直致力于尖端物理研究。今天，CERN 的研究主题已经深入到了夸克——夸克组成了质子和中子，进一步组成了原子核以及诸多其他短寿命粒子。正是由于此研究，这个研究中心现在被称为"欧洲粒子物理中心"。这个名字当然更符合反核人士的要求。从日内瓦到 CERN 的公路上，人们在到达实验室时，在路对面会看到一栋奇怪的球形建筑，大概 20 米高，有点显脏的深棕色，第一眼会以为是座核子反应堆。从远处看，这好像是废弃的生锈的铁质建筑，但是靠近观察，它其实是木质的，上面刷着几个大字"La Globe"。

　　La Globe 的创建地处于瑞士的另外一个地方，是一个展览中心。当它关闭后，人们不知道怎么处置，最后捐给了 CERN 作为展览中心发挥余热，从而免于被拆毁。CERN 的管理者们欣然接受了捐赠，为避免贪多嚼不烂，他们并没有花数百万法郎来清理这个庞然大物，虽然每一次展览都得花这么多钱。一位科学家提议将这个难题转换成一个有趣的谜语：La Globe 是一个中空的球，里面空无一物，既然 CERN 的科学家们都是原子方面的专家，就让中空的 La Globe 本身成为原子的一个隐喻吧。最后，CERN 方面花了一点钱做了一个小球，直径 1 毫米，悬吊在 La Globe 的中心。这样一来，参观者们就能亲身体会到原子的空旷：这个小球就像原子核，而外墙代表原子的外围界限。当然，如果能再花点钱，用激光束在外墙上模拟电子的退激和跃迁就更完美了。这样就可以稍微收点入场费，而后现代哲学家们也会很开心。

　　可惜这个提议没被接受，公众也就没有机会花钱进入一件虚拟的艺术品，从而亲身领略原子内部的空旷。取而代之的是，这个与周围风景格格不入的建筑承接了各种与 CERN 相关的展览。但是，假设 CERN 接受了那个疯狂的提议，而你驾车穿过整个欧洲只为领略原子内部的神奇，然后你买了门票，进入了这个巨大的球，突然发现这里——空空如也：你是会愤怒地要求退票，还是会庆幸自己看到了伟大的真相？

原子是一个巨大的虚空体，其内部的粒子也是一样，但是故事才讲了一半：它们内部实际上充满了电场和磁场，其力量巨大，如果你试图进入，它们会瞬间将你阻停。正是这些力量使物质变得坚固，虽然构成的原子似乎是空的。当你看这段文字时，也许正舒服地坐着，那么得益于这种力量，你实际上是在组成下方椅子的原子上方以一个原子的高度悬浮着。

原子根本不是空的。在 1906 年，科学家发现其中充满的巨能电场来源于原子核。当时，卢瑟福注意到，一束带正电的 α 粒子❶穿过云母薄片后，后端的成像会变得模糊，这说明穿过云母时 α 粒子发生了散射，从而其飞行轨迹发生了弯曲。这很奇怪，

α 粒子带正电，由两个质子和两个中子组成。请参阅作者的其他两本书：*The New Cosmic Onion*（Taylor and Francis, 2007）或 *Lucifer's Legacy*（Harvard University Press, 2000）。

原 子 内 部 何 其 空 旷

因为 α 粒子的飞行速度达到 15 000 千米每秒，是光速的 1/20，能量巨大。电场和磁场都可以略微偏转 α 粒子，但是仅仅穿过几个微米（百万分之一米）的云母绝不可能做到这么大的偏转程度。卢瑟福通过计算，得出云母中的电场强度极大，远超过人类已知的最大强度。空气中如果有如此强的电场，那么必然闪电横飞。他能想到的唯一解释就是，这么强的电场只会存在于极小的范围内，甚至比原子还小。

由此他大胆设想：正是这种高强电场将电子禁锢在原子中，也正是其偏转了高速 α 粒子。

1909 年，卢瑟福给一个年轻学生欧内斯特·马斯顿（Ernest Marsden）安排了一个任务，观察是否有 α 粒子被偏转了很大的角度。马斯顿用金片代替了云母，使用闪烁屏来探测散射后的 α 粒子。他将探测屏四处移动，从金片后方到侧面，甚至到放射源周围。这样他就可以探测到大角度偏转的（甚至是反射的）α 粒子。

出乎所有人的意料，马斯顿发现 1/20 000 的 α 粒子会被反射回放射源并打在放射源附近的探测屏上。这个结果简直不可思议。当时所知最强的电场力都极难偏转 α 粒子，而仅仅数百个原子的薄金片却直接将其偏转了 180°。难怪卢瑟福惊呼："这就像你用 15 英寸的炮弹去轰击一张白纸，炮弹却被直接弹回来并把你炸死了！"

经过对这个现象数月的日思夜想，卢瑟福最终通过一个非常简单的计算认识到了其中的意义。这关键在于他知道入射 α 粒子的能量，也知道每一个 α 粒子带两个正电。金原子内部的正电荷会排斥靠近的 α 粒子，逼其减速并将其偏转。α 粒子越接近原子内的正电荷，被偏转的角度就越大，直至在最极端情况下被电荷逼停并反向掉头回射。

卢瑟福计算了 α 粒子可以到达的与正电荷的最近距离，其结果令人十分震撼：只有在极罕见情况下，α 粒子才能在被反射前到达离原子中心万亿分之一厘米距离处，即原子半径的万分之一处。由此可见正电荷被高度集中在原子中心，导致原子内部粒子非常少而布满电场。那么，"场"又是什么东西呢？

2.3 场

让·米歇尔·雅尔（Jean Michel Jarre）的粉丝一定知道他的一张专辑——*Champs Magnetiques*，译成中文为"磁场"。场的概念在大众中的传播要归功于重力场，以及科幻小说中提及的"时空统一体中的扭曲场"。这个术语指出，在假想的虚空中其实还存在很多其他的东西。为了探寻场的影响为何物，我们需要首先定义科学家们所说的"场"。明确的存在是最容易被形象化的，因此，我们先回到之前说过的地球和大气压上。

总是关心天气预报的人一定熟悉大气压强分布图，这

原子内部何其空旷

就是数学家们眼中的一种场，它是不同点上的不同数字的一个集合，体现在气压图中数字就是不同地点上的大气压强值。就像等高线图一样，相同压强的点被连成等压线——英文称为"isobars"：iso（相等），baros（质量或压强）。

如果仅凭数字的集合就能定义一个场，那么这个场被称为标量场。气压的变化导致风的形成。当等压线比较稀疏时会微风拂面，而当等压线非常密集时，说明气压的变化很快，风就会变得狂暴起来。风速分布图是矢量场的一个绝佳的例子。它的每个点上都同时包括数字和方向信息，

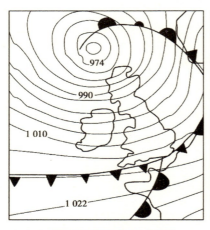

（a）标明大气压等压线的气象图

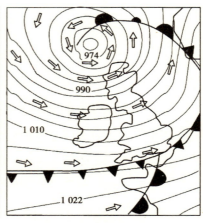

（b）同时标明等压线和风速矢量

图 2.1

具体而言就是风的速率和方向（图 2.1）。

在大气压和风之间存在一个实物的媒介，那就是空气，其密度差异决定了场，也使得我们可以建立一个可见的实物模型。然后，场的概念同样适用于那些没有实物媒介的情况。这也正是重力场和电场背后隐含的场概念，其对空间内遍布的各种力的大小和方向进行了定义。

背包客和登山爱好者们对重力场应该是感触良多的。在悬崖上爬得越高，掉下来就死得越惨。如果你不想亲身冒险，那就看看地图上的等高线，它会给出测得的海拔高度，从中可以想象出那些高山和峡谷的壮美画面。在气象图中有类似于等压线的一种图线，将相同的海拔高度点连成线。如果你可以无所顾忌地向海中跳水，那么跳台越高，入水速度越快，此时你拥有的"动能"就越大。在海面上的任何高度，你都有"潜力"去获取最后入水时的动能。在重力作用下，你下落的距离越长，那么最终获取的动能就越大。因此，地图上的相同等高线上的点具有相同的势能，它们被称为"等势"。

由于重力的作用，自然界的物体会向下掉落，从高势变为低势。下落加速的作用力大小与势的变化率成正比，即山的倾斜度。相比平缓的山，从陡峭的山上滚落时速度来得更快。这里有一个常识：力正比于势的变化率，正如风的强度正比于等压线的倾斜度。因此，倾斜度分布图的每一点上都有幅度（剧烈或平缓）和方向（比如北向或南向倾斜）。

这时的场包含了力量的幅度和方向，因此是矢量场。

在牛顿眼里，掉落的苹果和移动的行星都是由重力支配的。在太阳系中，太阳是处于中央的最大的吸引体。假设你在太阳引力作用下向太阳"掉"去，那么你出发的地方越远，到达太阳的时候速度就会越大。由此可知，离太阳越远，势能越大。太阳周围的重力场等势点构成以太阳为中心的球面。随着你离太阳的距离减小，势能也变小，所以你从高势区到低势区会被加速。势能的减小会通过动能的增加来补偿。这是宇宙的规律。

搁置太阳和重力，我们看看电荷和电场，会发现相同的结论。我们对于伏特的概念应该非常熟悉，即使可能不知道它是如何定义的。高电压意味着高势——此处的"势"会导致电子突然移动，从而诱导电颤动，某种程度上就如肌肉抽搐。如果电池的两极正负电势相同，那么两极距离越近时电场越强，势的变化率越大。在大气的情况下，我们尚有一个物质媒介来帮助我们进行形象思维，而在重力场或电场情况下，找不到这样的物质媒介；我们掌握的只是概念和一些经验感受，没有可见的"存在"可以描绘。好在这些场是可以测量的，并由此将重力场和电场展示在我们的面前。

2.4 场是否有大小

为了研究原子内部的电场强度，我们得先看看在宏观世界里现有的技术能做点什么。

从手电筒或者收音机里取出一枚电池，通常它可以提供几伏特的电压，并且正负极板之间距离大概为一毫米，换算下来正负极板之间的电场高达 1 000 伏特每米。在 SLAC（the Stanford Linear Accelerator in California, 加州斯坦福直线加速器中心），科学家通过电场可以将电子加速到接近 300 000 千米每秒。为此他们在 3 000 米的长度上加载了约 300 亿伏特的电压，其电场相当于 1 000 万伏特每米。这些高端科技得到的电场比一般电池要强得多，但是相比原子内部的电场却不值一提。在加州斯坦福直线加速器中心，电场强度为 10 伏特每微米，而在氢原子中的电子和质子之间的电压就高达数十伏特，而它们的间距平均只有 1/10 个纳米（百亿分之一米）。原子内部的电场强度比现有宏观技术能达到的最强电场还大 1 000 倍，虽然原子电场的范围被限制在原子尺度上。

众所周知，电荷同性相斥、异性相吸。在原子内部有两种电荷：带负电荷的电子游弋在原子边缘，带正电荷的原子核位于原子中心。当两个原子互相靠近，一个原子内的带正电的原子核会吸引另一个原子内带负电的电子，会使两个原子继续靠近一点。由此，原子之间会相互吸引并凝聚在一起形成分子并最终形成宏观物质。如今人类可以宏观达到的最强电磁场与原子内部的电磁场相比都微不足道，这归结于正负电荷之间的平衡效应，无屏蔽的高能反向电荷存在于原子范围内。当人们意识到这一点后，就能够理解为什么即使速度高达 14 000 千米每小时（约为光速的 1/20）的 α 粒子也会大角度地被原子偏转，甚至被逼停再反射回去：原子内部的电场筑起了一座不可逾越的高大城墙。

想要探索原子的内部结构，人们需要比原子小得多的探针，比如卢瑟福就使用了 α 粒子作为探针。但实验发现原子内部并不是空空如也，反而如石头一般致密，将探针粒子全部拒之门外。这正是电场在作祟。托里拆利能将空气从某个空间内抽走，但是绝不能将空气原子内的致密电场抽走。带电的原子核会对整个宇宙产生一种莫名的影响。即使将其他物质全部移走，这种影响也无法消除。

电荷的移动会产生磁效应，磁效应可以传播很远，例如地心磁效应。我们这颗美丽星球的地心部分是旋转的高温熔岩，其高温导致原子变得混乱，从而使原子内部的电子可以自由运动。电子运动形成的电流将地球变成了一个巨大的磁体，拥有南北两极，并且将磁场延伸到太空中。地磁场强度要比重力场大得多，从而导致地球上的磁针偏转。这一现象自古以来就被旅行者和迁徙候鸟用来指引方向。17 世纪时，人们对于真空的探索才刚开始，但磁现象早已为人类所熟知。后来，人们很快就发现磁和光都能穿过真空，虽然直到 19 世纪人们才真正了解了光、电场和磁场三者之间的深层次关系。

在我们头顶数千千米外，空气已经几乎不存在了，但是磁场却遍布其间。这些磁场对我们来说意义重大。它们的磁力能够将宇宙射线和带有高能电荷的太阳风偏转使其离开地球。这对于地球人来说是一个至关重要的保护罩，因为暴露在这些射线下时我们的 DNA 将被破坏。如果这个磁场消失了，地球变得和现在的火星一样，那么我们这个物种的末日也就到了。

帕斯卡和佩雷（Perier）证明了地球之外是真空，没有空气。不过，虽然太空里几乎没有空气，但是却有一些诸如地磁场这样的极为重要的存在体。

2.5　重力场和平方反比定律

重力应该是我们最熟悉的力，但是它似乎并不强：我们可以轻易对抗地球重力捡起一个苹果。而捡起苹果所需的肌肉力量则来自更强的电力，其保持我们身形挺拔。但是，物质内的正负电荷产生的吸引或者排斥力会相互抵消，而随着物质的增加，内部原子积累的万有引力却会增大。通常直径大于 500 千米的物质就会产生明显的万有引力。

万有引力各向同性，因此对于三维的物质会在每个方向上产生相同的力，最终将物质压缩为球形。球形的太阳就是这样形成的。当然你可能会问，地球表面为何会有波浪形的高山和峡谷。答案是其来源于地球自转以及内部地壳运动导致的地理活动。

对于特别巨大的物体，引力效应会积累成为巨大的吸引力。在地球上看起来如指甲盖一般大小的太阳，却能将数亿千米外太空内的行星吸引在其周围旋转。那么这么巨大的力是如何在空间中扩散的呢？

牛顿很早就提出：物体间万有引力的大小和距离的平方成反比，这被称为"平方反比定律"。它描述了万有引力与距离的关系，对之后的宇宙结构学研究甚至物理科学的发展都起到了关键性的作用。我们居住的地球围绕太阳旋转，附近围绕着一个质量较小的月亮。科学证明地球的潮汐现象来源于月球的引力，而离我们很远的银河中的星球似乎对此责任不大。同样的，在研究潮汐、日食、月食、宇宙飞船等的时候也不用考虑那些遥远的星球。如果万有引力与距离无关，那么遥远的银河将不复存在，地球也无法利用自身引力凝聚成现在的样子。又假设其随着距离的增加不再具有对称方向性，那么也许我们还能居住在行星上，只是现有的引力定律就不适用了。如果两个大物体之间的引力很容易受到第三个物体的干扰，由此产生的引力计算会十分复杂，而现有的基本引力定律也会被推翻。

平方反比定律并不只适用于万有引力，其同样适用于电荷之间的电场力。力学法则有很多种，但有意思的是电力和万有引力都遵循相同的平方反比定律。其公认的原因是空间本身具有三维本性，而引力弥漫其间，而电场亦然。

像地球和太阳这样巨大的物体，会以某种形式向外部空间延伸各向同性的引力。地球公转的轨道基本是圆形的。假设以地球公转轨道半径画一个球，太阳位于球心。那么地球上受到的太阳引力应该和这个球面上的任何点相同。假设我们到一个新的球面上去，半径为地球轨道半径的两倍，此时新的球表面积会变大为之前的 4 倍，因为球表面积与半径的平方成正比。牛顿注意到，如果引力像触角一样向外各向同性延伸，那么各方向上的引力强度将会均匀地穿过以上假设的球面。随着半径的增加，球面积增大，那么任何点上的强度也会成比例减小。

显然，对于电荷向外发射电场的情况，也可以做类似的推理。

以上的推理揭示了这些力与空间三维本性之间的密切关系，其很早就被牛顿发现。这个发现提供了一个重要线索，以解开长久以来的谜团：两个看起来完全不相干的物体之间如何产生作用力。这同样有利于物体之间的空间研究，这个空间内部并不是空的，而是充满"场"的。虽然从古代开始哲学家们就一直对此争论不休，但精确地讲，至今也没人能完全了解场是由什么构成的。这个最早由牛顿提出的理论在之后的 300 年一直推动着人类进步，其后更被爱因斯坦发扬光大，用到一些牛顿无法想象的领域中去了。

其理论中最基本的部分认为：空间不"空"是因为存在一种张力，它通过在附近区域产生的作用力来表征它的存在。这种张力形成的球形作用效应被称为"场"；正是地球引力场的空间延伸将跳伞运动员拉回地面，也正是太阳的引力场保证了地球沿着轨道运行。

由此，一个想法在我脑中闪过。假设将所有的物体移走，只剩下一个，它的质量会形成引力场并且弥漫到整个空间内。这意味着我们可以虚构一个空间，其中没有任何实物，但是只要宇宙中任何其他地方有一个物体出现，这个空间就不会是空的；这个遥远的物体发出的引力场会填满 ❶ 这个本该是"空"的区域。

在第6章我们会看到，甚至一个物体都不需要。根据爱因斯坦的广义相对论，是能量的不同形态创造了引力场。

2.6　波

电场和引力场看起来似乎是哲学家们凭空想出来的，但实际上它不仅会通过波的形式产生引力和磁力，还有很多其他的性能。在安静的池塘水面上，左右搅动木棍，就会产生波纹。木棍的搅动干扰了水分子，接着与周围的另一个水分子碰撞并迅速提升到水平面以上，然后在重力作用下回落，接着依次推动附近的水分子。一个高低起伏的波动序列就在水面渐渐弥散开来，并且逐渐减弱。远处水面上漂浮的软木塞也会受到水波的作用，开始荡漾起来。水波就将能量从木棍传递到了木塞上。更生动的例子是当地壳内的不稳定岩石突然移位并且受重力影响而下落，压力波就在地球上传播开来。此时地震检测仪的指针就开始晃动，记录下发生的事即称为"地震"。我们耳朵听到的声音是来源于空气的波动：突然的运动导致压力的变化并以波的形式传递出去，当它传入我们耳朵时，会导致耳膜的震动，引起一系列生理学效应并被我们的大脑识别为声音。

在以上的例子中，都存在一个明确的媒介，它能够压缩和释放并恢复原样，从而创造出波。而论及电磁波时，存在诸多相似之处，当然也有很多巨大差异。

如果有一个静止的电荷，其周围必然围绕着电场。当它被加速或者扰动时，就会放出"电磁波"。当电磁波到达远处的电荷时，会导致其运动。和水波、声波的情形一样，电磁波将能量从发射源传递到了接收者。收音机就是一个熟悉的例子，发射塔使得电荷振动，从而产生电磁波，其将能量传递给你收音机天线内的电荷。

谈了这么多相似之处，现在说一个巨大的差异。水波的传递速度由相邻的波峰和波谷之间的距离决定，即波长决定；而截然不同的，电磁波总是按光速传播。这个结论适用于任何情况，无论相对于源作正向或逆向传播。这听起来似乎有点荒谬，当你以接近光速远离光源时，会预感到后面的光会慢慢地赶上你；但是要知道，光可是以光速在传播。这种奇异现象帮助爱因斯坦提出了一种激进的时空理论，即狭义相对论，在第5章我们会更多地聊到这个话题。

光本质上是一种电磁辐射，就像无线电波、微波以及 X 射线一样。电场和磁场布满空间，当被激发时就会产生电磁波。虽然我们还没有完全说清电磁波是如何震荡的，但是电磁波的概念早已被证实。引力场也能产生引力波，至少理论上是这样的。那么，引力波"储存"在哪儿呢？理论上认为，它自发地在时空中震荡。那么引力波本身又为何物？当其他一切物质都消失时，它还会存在吗？要回答这些问题，我们需要从牛顿开始说起。

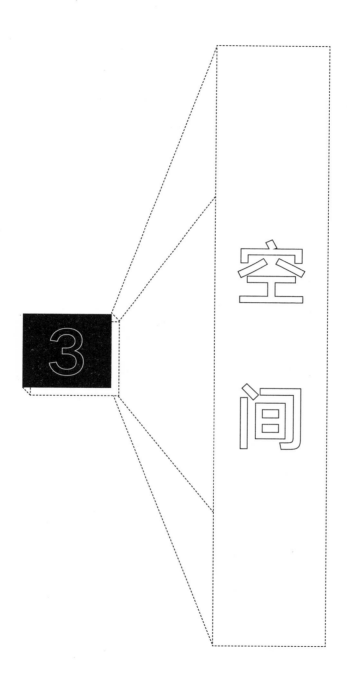

空间

3

3.1　创世纪

在很多年前，我还是一个科学普及方面的菜鸟，我被指派去说服当时的一位熟谙创世神话的英国圣教公会的主教，让他相信宇宙产生于 140 亿年前的宇宙大爆炸。"那么请你告诉我，是否稳态理论已经过时了？"这位神的代表质问我。所谓稳态假说，是指物质会被不停地创造出来，而宇宙是一直无限期存在的。当然，这个假说避免了上帝在创造宇宙之前在干吗这样的悖论，但它实在与后期的天文学现象背道而驰，所以最终被主流思想所摒弃。我给主教解释了这个问题，并被他的反应吓了一跳。这位主教大人似乎如释重负：万物起源概念是无可动摇的，讨论的只是一些时间尺度的问题。

虽然和大多数理性人群一样，这位主教接受这些证据，但是很多老派的正统"上帝论者"还是会争辩这个时间尺度问题。就像我第一次遇到有学生十分热情和严肃地相信宇宙产生于 6 000 年前。我首先给他解释了视差的问题，为何当我们自己从周围物体的一边移动到另一边时，看起来这个物体相对远处的物体似乎移动了；地球的公转也会导致我们的移动，使得我们看远处的星星似乎也在移动，这就是视差现象，也证明那些远处的星星足有数光年之远。即使不考虑这种复杂的时间测量，只需要看看 50 亿年前形成的天然放射性岩石，就知道显而易见的宇宙绝不可能只有 6 000 岁。

他接受这些证据，但是很快又断言 6 000 年前一定发生了某种神圣的事情，使得宇宙变得完全成熟起来。他还坚持认为：多种放射性铀元素形态的平衡使它产生了 50 亿岁的假象；光束事实上是在飞行途中产生的，所以看起来似乎来自遥远的星系。

要完全理解宇宙并非易事，其间必定要引出很多问题，比如，假如宇宙的确在 6 000 年前形成，那么为什么又要制作一些假象使它看起来有 140 亿年那么老呢？为何上帝在 140 亿年前没有开始创造万物并任它进化，在其间的数亿年中，上帝在干吗？或者实际上宇宙只是一瞬间之前形成的，我们脑中的记忆以及宇宙年龄的证据都是假象而已？不同的人对于这些问题有不同的答案。本书并不旨在回答这些问题。甚至你也会问创世之前是什么样子，正如曾有人在一次著名的探讨之后问我："为什么宇宙大爆炸没有早一点发生呢？"

无中生有的概念从远古开始就一直困扰着思想家们。相比古代哲学家们只在逻辑上讨论这个问题，今天我们有了更科学的方法：实验可以验证和甄别各种理论和概念。虽然科学还无法回答宇宙大爆炸之前发生了什么，甚至没法判定这个问题是否有意义（如果时间本身就是宇宙大爆炸创造出来的，那么"之前"二字如何说起呢？），但科学确实可以证实宇宙大爆炸的存在。

埃德温·哈勃（Edwin Hubble）发现宇宙中的星系之间的距离在不断增大，至此，人们开始相信宇宙正在膨胀。那么我们将这种现象倒过来看，追溯到 140 亿年前，这些星系应该就是互相挤成一团的一个整体，之后产生了向外的爆炸，这就是宇宙大爆炸。在今天的科普讲座中，这种理论被大多数听众欣然接受，但是他们也提出了很多问题，其深度和广度都令我印象深刻。比如：如果宇宙在膨胀，那么它在向什么里面膨胀呢？星系本身也在膨胀吗？原子膨胀吗？如果回答是否定的，那么宇宙中到底是什么在胀大呢？如果说是"空间"在胀大，那么"空间"是什么？空间的存在与物质相关吗？即移除物质之后，空间会留存还是会随着物质一起消失？

为了回答这些问题，我们必须先讨论一下空间的本质是什么。首先我们得从牛顿以及 17 世纪的机械宇宙论开始，之后再到 19 世纪迈克尔·法拉第（Michael Faraday）和詹姆斯·克拉克·麦克斯韦（James Clerk Maxwell）提出的重要的电磁学见解，以及由此引出的 20 世纪爱因斯坦提出的时空概念。

3.2 牛　顿

牛顿在 17 世纪就构建了当今经典物理学的基础，他解释了物质间的相互影响如何改变了它们的运动状态。他的运动定律乍一看非常"明显"和简单。第一条：物质在没有外力作用下会保持静止或者匀速直线运动。这也被称为"牛顿惯性定律"。物质是"懒惰"的，不喜欢改变运动状态。要改变它的速度，需要加载一些外部促进，即一个力。外力越大，加速度越大。做一个实验，用相同的力推一个网球和一个同样大小的铅块，网球的加速度会大一些：牛顿将单位力造成的加速度命名为物质内在的惯性，或者"质量"。这通常被称为"牛顿第二运动定律"，是其第一个惯性定律的延伸。实际上，我们会发现第一定律只是第二定律的一个特殊情况：如果力消失了，那么加速度也会消失，物体就会保持之前的运动状态。

每一个学习力学的学生都知道这些定律，它们似乎是不言而喻的。当然，我们确实利用了这些定律成功地将太空飞船送到了木星上，并且就像当年牛顿预言的一样，在正确的时间加载了正确的动力，我们最终会安全地将飞船送达目的地。为了见证日全食的壮观景象，天文学家们会提前选择好观测地，而选择的原则同样来自牛顿的预先计算，最佳观测地是地球上一条 100 千米宽的观测带，月球正处于这条观测带与太阳的连线上。在日常生活中，牛顿的这些天才见解也是毋庸置疑的，但是当我们开始更加深入细致地审视这些理论时，就会发现其在自然界的虚空方面有很多问题。

一个粒子的移动意味着其位置随时间而不断改变。这里我们先不考虑时间的意义，因为现有的问题已经够多了。位置如何定义？通常一个合理的回答是，"相对于自己"。通常一个粒子的位置或者移动也只能通过与参照物的对比来定义。

牛顿想象出了一个绝对的空间和时间——用暗藏的测量杆构成的隐喻的网格来定义上下、左右、前后：空间的三个基本维度。静止或"匀速运动"（或者称为"无加速度"）的物体会按照牛顿运动定律相对于这些网格运动。这些网格就构成了"惯性系"思想的基本骨架。

我们将这个概念继续延伸。任何在这个惯性系中匀速运动的物体，其本身也可以定义一个惯性系。比如当我们移动时，也带动了我们自己的虚构网格。假设我开车在一条笔直的公路上以 100 英里每小时的速度匀速狂飙。在汽车系下，我始终保持在同一个位置，一直坐在座位上纹丝不动。但是在路边的测速摄像头看来，我的位置就在移动——一个小时狂奔了100英里，所以摄像头就会将我拍下来并且自动生成一张超速罚单。

不是所有的系统都是惯性系。为了说明这一点，不妨先围着你的房间跑两圈。在跑圈的过程中，你会不断地改变前进方向，也许一瞬间你是向北的，但是另一个瞬间你又是向东的。所以你的速率是在变化的：虽然你的速度也许恒定，但是跑圈时方向在变化。牛顿告诉我们，速率的变化是力的作用引起的；那么在跑圈时，这个力就来自于你的脚和地板之间的摩擦力，这样的解释看起来是无懈可击的。那么，重复这个跑圈实验，但是在跑圈过程中你始终盯着一点看，比如一个椅子。这时候你会看到，相对于自己来说，这个椅子在做环形运动。那么是什么力导致椅子运动呢？重力会将椅子向下拉，但是地板会提供反向支撑力来抵消，因此在上下方向上椅子会保持静止。到这里，牛顿的解释也还说得通。然而，在水平面方向上没有力的作用，但是看起来它在做圆周运动。这个难题揭示了牛顿运动定律的一个重要特性，也是学生们常忽略的一点：它适用于"惯性系"——系统中的参考物本身不受净力。在你气喘吁吁跑圈的时候，你的脚受到了摩擦力作用，这个力并没有完全被抵消，因此你并不处于一个惯性系中。相对于你来说，看起来做圆周运动的椅子其实并不违背任何

空间

定律——因为在惯性系中椅子并没有做圆周运动。

　　这就涉及一个问题，什么是惯性系？答案是，一个参考系，参考物本身不受净力。那么我怎么知道没有受净力呢？答案是，相对另外一个惯性系，如果你静止或者匀速运动，你就没有受净力，就可以作为参考建立新的惯性系。这种推理本身有一种尴尬的循环。由于我们本身被地球引力场产生的重力束缚在地球表面，并随之自转，因此我们即使站着不动，也并不处在惯性系中。更糟糕的是，我们还在太阳引力作用下围着太阳公转。所以严格来说，惯性系这个概念只存在于理想状态中。不过，在一些"常识"中，我们直观地将其理解为理想状态的一个近似，便于实际应用时进行准确计算和预估。

　　如果我们和牛顿当年一样，假定空间里存在一些固定的坐标轴并由之定义出绝对惯性系，那么所有的问题都迎刃而解了。牛顿力学认为，任意两个惯性系中的栅格棒必然会相对于对方做无旋转的匀速直线运动（速度可以是零）。两个系中的钟表会显示相同的时间，最多会有一个固定的时差。因此伦敦的大本钟和纽约中心车站的时钟由于时区的作用会显示时间相差 5 个小时，但两者显示的时间间隔是一样的：在伦敦从正午到下午 12 点 20 分的时间间隔和在纽约早上 7 点到 7 点 20 分的时间间隔一样。如果在一个惯性系中，两件事在钟表的同一时刻发生，那么对于另一个惯性系而言也一定是同时的。所以时间对于整个宇宙都是一样的，所有物质都遵循它，无论任何运动状态。

从简单的你和我，到地球、月亮以及行星，都在上述的模型中运行，无一例外。这个模型是永恒的、不变的。时间总是以相似的方式起作用。牛顿的宇宙节拍器嘀嗒地响着，记录着时间安静地流逝，随着宇宙中的物质完成着它们的移动。

3.3　空间及运动的概念

亚里士多德通过其中包含的物体来定义空间。他和他的学生泰奥弗·拉斯托斯共同提出理论，认为物体而非空间是真实存在的；物体之间的相对物质定义了空间。如果将物体移走，那么依据亚里士多德的理论，空间也会相应消失。这也意味着不存在真空这种东西，因为移除内容之后容器也会随之消失——这个结论引出了之后的诸多相关推论。斯特拉托是他的另一个追随者，他将空间定义为"所有实物体的容器"。❶ 他坚称物体可以在空旷空间内运动，而这个容器会始终存在，无论其中有

参见 H.Genz 的 *Nothingness*，P85.

无内容。如果没有内容，那么就是一个虚空。

皮埃尔·伽桑狄认识到托里拆利的实验表明真空确实存在，而且可以被制造出来。他眼中的空间是消极的，允许物质穿过但是不允许"做任何影响空间的活动"。❶

未确定引证，参见 H.Genz 的 Nothingness，P110.

牛顿眼中的空间与之相似。他的观点认为存在一个绝对的空间，一个粒子、人类以及行星存在并活动的集合体。对于牛顿而言，空间是以一种近似又不可涂画的相纸构成的隐形的集合。物体在这个集合网格中运动，但是不影响集合本身。因此空间的存在有了一种绝对的意义，即使其中没有物体，而物体被移走后留下的就是"空"空间。牛顿所指的物质缺失也包括了万有引力的缺失，除了绝对空间最原本的惯性结构之外一概不留。这与相对空间概念不同，相对空间是由网格和运动的粒子联合定义的，因为其需要物体定义它们之间的相对运动，进而定义它们的相对坐标集。但爱因斯坦对此嗤之以鼻。他严重怀疑所处空间的真实性，即使他周围人来人往；时空本身会被物质的运动拉伸或者调制。因此，对他来说，"空"空间是一个悖论。

在牛顿的绝对空间内，可以想象一系列事件的发生，譬如小丑在同时抛 3 个球。接着我们想象这整个运动一律和这个绝对空间相关。牛顿坚信其与之前相同的情况总体相当，只是空间集合在匀速运动；相同的定律和经验都适用。地球围绕着太阳以约 20 千米每秒的速度运动，因此在 4—10 月，如果我们处于此圆环上地球的对面，并且和地球做对向运动时，我们的速率会变成 40 千米每秒；但是小丑还是会以同样的技巧玩球。

　　然而本身并不存在绝对速度，我们只能含糊地定义一个相对运动速度。但加速度不是这样：在所有的惯性系中它的值都是相同的。曾经有广告称一款跑车可以在 3 秒内从静止加速到 60 英里每小时。它不需要标注诸如"从街上静止的行人视角来看"，因为即使在以 15 英里每小时骑行的车手看来也是如此。尽管如此，如果这种广告上了科教频道，也许他们需要标注一下"在惯性系下观察得到"。否则，也许会有一些死脑筋的律师会帮车的买家索赔，因为当他们坐在车里时，这车无论如何加速对于他们来说都是静止的。当然他们会感到非常不适，好像有一种隐形的力量将他们狠狠地按在座椅上动弹不得。当车急转弯时，乘客会再次感到被推动了，而这次是向旁边推，来源于我们所谓的"离心力"。在这两种情况下，乘客都不处于惯性系中。

　　要说明牛顿的绝对空间理论，以及为何爱因斯坦会质疑它，可以想象你正在一架飞机上，比如从伦敦飞往纽约。你坐在整个飞机的第一排。起飞以后，飞机到达巡航高度，安全带指示灯熄灭。如果没有遇到气流的话，飞机将会以 500 英里每小时的速度平稳飞行 8 小时。你在飞机上安静地坐着，而你在陆地上的家人却认为你旅行了 4 000 英里。这个例子说明绝对位置是没有意义的。随着 8 小时时间的过去，你的家人会说你刚刚在以 500 英里每小时的速度运动，而你自己会觉得自己完全没动。这个例子又说明，绝对的恒定速率是没有意义的。如果这期间你为了消磨时间，开始在座位上玩起了抛球游戏，并假设这种怪诞行为没有引起空乘人员的注意，这种感觉和技巧与你在家里玩的时候一模一样。但是如果飞机遇到气流，或者正在下降，那么球的运行轨迹规律会变得不同，再要玩的话就是"一种全新的抛球游戏"。

尽管如此，你和你的家人都会觉得当你起飞的时候，大概有半分钟的时间在跑道上水平加速，然后突然直冲云霄。你的家人可以在机场看到这个景象。你自己则会感知到一个力的作用，最初在跑道滑行的时候，你的座椅靠背会有一个压力，而飞机升空时又转移给了坐垫。从这种压力的大小你可以大概判断出飞机加速的快慢。

1905 年飞机还没问世，不过爱因斯坦想象了相似的景象，比如在一个自由下落的电梯里，基于他的时空理念，力和加速度的关系就变得非常复杂了。

想要简单地演示加速度，最容易的例子就是环形交通轨道，我们在那里可以找到加速度的例证。

假想你住在环形轨道上的一间没有窗户的小房间内。即使看不到周围的环境，你也能感觉出自己在相对某物做旋转。从某种程度上讲，牛顿的栅格棒集合，即由空间定义空间，充满了我们身体周围。你无法看见它；它沉默不语，自然你也听不见；它没有味道，而且如果你伸开手臂也不会触摸到任何实物以表明它的存在。但是当你转身、旋转，就能感觉到它在作用于你的身体。我们称它的影响为"离心力"，会随着你方向的改变而产生。那么是不是可以由此说明绝对空间在某种程度上是真实存在的呢？当移走所有物质后它还存在吗？

在牛顿提出绝对空间理论之后的 200 年，恩斯特·马赫（Ernst Mach）提议用"固定星球"来定义它。由于地球每 24 小时自转一圈，所以实际上我们就生活在一个环轨上。虽然你对在这个大环轨上的旋转运动早就习惯成自然了，但是利用某些灵敏的设备，你也能感受到地球的旋转。即使没有这些设备，我们将相机对准夜空中的北极星，长时间曝光后得到的照片可以让我们看到整个星空在围着我们做环形运动。如果说是这些星星在共同做圆周运动，这自然很荒谬，因为这样的话其中某些星星会在数小时内运动超过几百万光年，这要求它们比光速还快。所以，事实上是我们自己相对整个星空背景在做绝对的圆周运动。

如果我们加速，这个现象会更明显。

坐在一张旋转椅上，并且不停地转。你会发现不仅是星空，你头顶的所有东西都在旋转。在地球自转下需要 24 小时才能看全的景象，现在只需要一秒就看完了。你的肌肉力量足以驱动整个星系吗？或者星系的运动速度仅取决于你转椅子的力度？这明显不可能。你也清楚是自己而非星系在转动，因为你感觉到了离心力。地球的自转也会有离心力，虽然这种感觉不是非常明显。地球并不是规则的球形，穿过赤道的直径比南北极的直线距离要长。地球大气系统的旋转以及"不由自主"向东移动的趋势被称为科里奥利效应，是地球自转的另一个佐证。❶

参见 Close 的 *Lucifer's Legacy*，P21-27.

要佐证固定的恒星可以作为旋转和加速度的参考，傅科摆大概是最好的工具了。在大多数的科学博物馆内，你都能看到一个巨大的钟摆在屋顶上发生摆动，起始方向比如为南北向。但是当你参观完博物馆准备离开时，你会发现它的摆动方向在没有任何人为干扰的情况下变成了东西向。伦敦科学博物馆里的这个现象是我孩提时着迷的神奇现象之一，使我对科学产生了极大的兴趣。而这个现象中并没有人为给钟摆施以推力；相对远处的固定恒星，钟摆摆动方向是没变的；正是博物馆下方的地球在自转，导致博物馆和我们跟着旋转起来。

尽管我们通过观察星空可以证实绝对旋转的发生，但是在环形轨道上骑单车的天真孩童能感知到遥远星系中的群星吗？地球与我们息息相关，其重力将我们束缚在地面上。月球虽小，但距离很近，足以影响潮汐。太阳是距离我们最近的恒星，并决定了地球的公转。而其他行星对我们的引力很小，几乎测量不到，虽然占星术大师们不这么认为。虽然我们所处的银河系产生的总引力足够将大麦哲伦星云吸引住，就像地球吸引卫星一样，但由于距离太远，即便是包含数十亿恒星的整个星系产生的对人类的引力也太小了，不足以影响我们的日常生活。间隔距离增加一倍，星系产生的引力就下降为四分之一。但是，如果所有的星系都均布在宇宙中，那么间隔距离增加一倍时，星系的数量就会增加 4 倍，最终导致宇宙中各位置上总的引力基本相同。因此，虽然太阳和月亮的引力造成了潮涨潮落和一年四季，但这些都存在于整个宇宙中引力场的大背景下，而构成这些背景的正是所有那些遥远的恒星们。

这是我们识别绝对空间中的绝对标尺网格的最简易办法。当我们平时在大转盘上旋转、在弯道开车或者变速的时候，我们就能感觉到这种相对于引力矩阵的旋转。但是问题也来了，所谓的恒星并非恒定不动。某种程度上，这意味着我们的视野内应该到处都有恒星，那么夜空就应该和白昼一样明亮（称为 OLBERS 悖论）。当然，我们可以用宇宙在膨胀来解释这个悖论。但今天我们已经知道，之前提及的牛顿哲学下的时空概念是不完备的。在 20 世纪初，爱因斯坦确立了更加丰富的时空理念。它们不再植根于引力，而是电磁效应，当然引力仍是与我们生活最息息相关的。

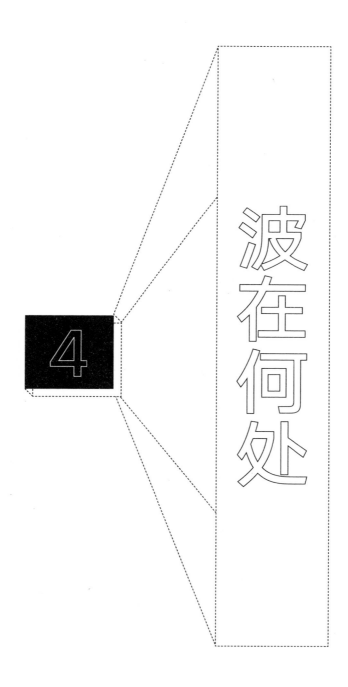

4

波在何处

4.1　电磁场与波

　　当你扭动钥匙启动汽车，蓄电池中的电流会引发电机内的电磁效应，继而发动引擎。那么你是否想过，到底发生了什么事情，它违背了相对论的萌芽以及现代的时空观。当迈克尔·法拉第在 19 世纪初进行电学和磁学实验时，没人会想到这将会导致牛顿世界观的颠覆性再进化。如果 19 世纪有诺贝尔奖的话，法拉第的各种伟大发现足够让他得至少 6 次诺贝尔奖。而他最为深远的发现当属电场和磁场的神奇交织及互相影响。

　　发生在你汽车引擎内的现象只是众多例子之一。再比如，突然移动一块磁铁就会产生电力——这就是电磁感应现象，也是发电机的基本原理。变化的磁场产生电场，反之亦然：变化的电场也会产生磁场。地心处的旋转电流形成了地磁场，也正是电场和磁场的交互作用才使得电动机转动起来。

电荷的移动形成电流，而电流能产生磁场。这个理论似乎无懈可击，但"相对什么移动？"成了问题。通常的回答是在你所在的静止惯性系中"相对你"移动。但是如果你现在沿着带电导线以与电子相同的速度运动，那么你会觉得电子是静止的。这就出现了在惯性系中，一个相对你静止的电荷居然产生了磁场。在这种情形下，你会感觉到磁场，因而会觉得有电场存在。当加速或减速时，随着电场的损失，磁场会出现。一个惯性系中的磁场会变成另一个惯性系中的电场。而你将这个场理解为电场还是磁场就完全取决于你自身的运动状态了。

爱因斯坦坚持认为物理定律不能只适用于匀速运动的观察者。它如果适用于一个惯性系统中的观察者，那么就必须同样适用于所有惯性系统，无论其中的相对运动状态如何。由此就引出了他的相对论方法，在第5章中我们会详细讨论。这个理念作用到电学和磁学上，就表明电和磁并非孤立的一些现象，相反地，电场和磁场的复杂交织构成了现在我们所知的电磁场。

这就为19世纪中叶詹姆斯·克拉克·麦克斯韦提出

的电磁现象理论打下了基础。麦克斯韦总结了法拉第的发现以及所有当时已知的电学和磁学现象，最终形成了 4 个方程式。在对其公式化之后，他进行了进一步求解，发现这些等式意味着一整套的美妙新现象。

我们要理解这些现象是什么和为什么，首先就要知道麦克斯韦方程组的初衷。它总结起来就是：变化的电场或磁场会产生它们的黄金搭档——电产生磁，磁产生电。电场是矢量场：既有大小，也有方向。如果电场发生振动，比如在方向上每秒发生 N 次"向上"和"向下"的交替转换，那么产生的磁场也会按相同频率振动。这就是从他的方程组中推导出来的。接着，他将振动的磁场代入他的另一个方程组中，结果显示将产生一个脉冲电场。将这个电脉冲波代入最初的方程组，你会发现整个事件在延续，电变为磁，前后交替。最终导致的效应是整个电场和磁场的大杂烩，并会以一种波的方式传递到空间中去。法拉第对电和磁现象的测量提供了重要的数据，将其代入麦克斯韦方程组后，就可以计算出这种波的速度。麦克斯韦计算出其速度为 300 000 千米每秒，且速度与振动频率无关。这个速度和光速相同，由此他大胆地推论：光是一种电磁波。

比如五彩斑斓的彩虹，这些可见光包含的电磁场中的电场和磁场每秒会振荡数百万亿次，而相邻的强度波峰之间的距离仅限于百万分之一米附近的一个很小的区域。我们之所以会看到不同颜色的光，是因为其振荡的频率不同。

麦克斯韦认为，彩虹的光之外一定还有其他电磁波，它们以光速传播，只是振荡频率不同而已。

你一定听说过红外线和超声波，这里的"外"和"超"是指它们相对于可见光的振动频率。从这个线索出发，科学家们热情洋溢地开始寻找其他的例子。住在德国卡尔斯鲁厄的海因里希·赫兹（Heinrich Hertz）制作了电火花，并发现它们不需要物质介质就会将电磁波传递到空间中去。这就是现在所谓"无线"的雏形。这些原始的无线电波是与光类似的电磁波，只是所处的频谱位置不同。赫兹以自己的名字来命名频率的单位，将振荡频率每秒一次定义为一赫兹，而每秒千次或百万次就是千赫兹和兆赫兹。无线电波的振荡频率就介于千赫兹与兆赫兹之间。

无线电波和所有频率的电磁波一样，都能在真空中传播。通过无线电，我们可以和遥远的太空探测器联络。它们和光一样都能穿过空旷的太空，以相同的宇宙速度——300 000 千米每秒运动。

麦克斯韦在工作中的另一个发现是相距遥远的带电体和磁体不会发生即时的相互作用，但之间的电磁场会以光速扩散从而影响对方。在某一点上振动的电荷，只有当其发出的电磁波到达远处的电荷后，后者才会开始相关的振荡。这也与牛顿力学的描述截然不同，力学描述认为这种影响应该是即时的。

收音机、X 射线晶体学，以及常见的很多现象都包含电磁原理，其中的电磁波或是被吸收，或是穿过看似空旷的空间后却被物质散射。这里就出现了对于光是电磁波的一个基本疑问：波动的媒介是什么？或者更直白一点，"波的载体是什么"。

4.2　波的载体

在 17 世纪，罗伯特·胡克就发现声音不能在真空中传播。这证实了一个古希腊时期就发展出来的观点，当时的斯多葛学派哲学家认为声音是空气的简单振动。如果抽走空气，声音随之消失。这与光和磁不同，透过真空也能看见对面的灯光，而真空中的磁场间同样能互相影响。所以，当没有空气时，是其他什么东西在介入传递这些影响呢？古希腊人可不喜欢真空这个概念，因此他们提出了"以太"——一种充斥空间内的"比空气更微妙的介质"，它不会随着空气的消失而消失。虽然我们尚不清楚牛顿将以太做何精确定位，但他确实相信以太的存在。以太的概念充斥着随后的几个世纪，直到最后被爱因斯坦的相对论推翻。这就是以太的来龙去脉。

牛顿是一个力学大师，他总是将自然现象解释为物质内粒子的运动，这直接导致他最初将光描绘成微粒的爆发，或者我们现在称为的"光子"。牛顿力学自然也不承认"隔空互动"这种东西。对于一些电吸引现象，例如与丝绸摩擦后的玻璃会吸起碎纸片这种现象，牛顿认为是因为一些以太类物质从玻璃中飞出去并将碎纸片拉回到玻璃上。1675年，牛顿发表了他的光理论，其中就包含广泛的以太理论。

但他并不满意。在仅仅过了5年后，他就抛弃了以太论，转而支持物质内部粒子之间的吸引和排斥理论。35年之后，他发布了他的专著《光学》第二版，其中他同样接受以太的存在，但他认为实际上是以太构成的粒子之间的排斥力才最终导致了隔空互动。

18世纪，瑞士数学家和物理学家莱昂哈德·欧拉（Leonhard Euler）驳斥了牛顿提出的光的微粒理论，并提出自己的光学现象解释，认为其是流动以太中的振荡。在19世纪初，英国物理学家托马斯·杨（Thomas Young）发现光中包含有波，这引发了翻天覆地的变革。他当时的主要兴趣是感观学。作为医科学生，他曾经研究并发现了当眼睛聚焦不同距离的物体时晶状体是如何变形的。在1801年他发现了眼睛散光的原因，由此开始对光的特性产生了兴趣。之后他发现了干涉现象：当光穿过两个相邻的小孔后，会在后端形成一系列明暗相间的条纹。这和水波交汇时的情形非常相似，当两个波峰相遇时合成大峰，而当波峰和波谷相遇时波动消失。上下起伏的光波中相似的峰和谷的交汇可以自然而然地解释这个现象。事实上，两束光交汇时可能产生黑暗，这个发现是非常重要的，

其关于波的解释一度成为光波动性的最权威证据。❶

19世纪对于光电性质的巨大兴趣导致了古老的以太理论的复苏，即犹如空气传播声音般，以太是传递光波的媒介。在19世纪的科学中，以太被假定为无质量、透明、绝对光滑，且实际上不能通过任何物理或化学方法探测到。它无处不在、无所不有，据推测应该是一种有弹性的固体形态，类似于钢。行星可以在其间自由穿行，形若无物。19世纪的很多科学研究都致力于探测这个神奇的家伙。

以太论很好地解决了真空中的光传播谜题，但无法解释为何当光穿过如水和玻璃这种非真空的透明物体时，其行为会发生变化。光在水中的传递速度比真空中慢；而一些看似透明的物质却会将光散射开，导致光无法穿透，这个现象被用来制作偏光太阳镜。直到麦克斯韦提出了光是电磁场发出的波的观点，这些现象才被一一解释清楚。

以太曾被认为可能是光振荡的介质。这种假设认为，以太以静止态遍布宇宙，由它定义出牛顿力学中的绝对静止状态。直到 1887 年，人们开始明白光是一种振荡的电场和磁场形成的波。声波的振动方向与传播方向相同，而电磁场的振动方向与传播方向垂直。因此，人们开始尝试将电磁学和光学的各种定律应用到静止以太这种理想的物质中去。

4.3　以太难题

如果说以太定义了绝对空间，那么我们相对于以太的运动速度是多快呢？要得到这个问题的答案，麦克斯韦对电磁波速度的计算是一种解释途径。要说明这点，首先考虑一下水波。我们扔一粒石子到水中，水波就会产生并扩散开去。水波的速度约 1 米每秒。这个速度是水本身的一种性质，与振动源的速度无关。无论石头是从静止的船还是高速前行的船上扔下，形成的水波速度都是 1 米每秒。如果你站在静止的船上，会看到水波以 1 米每秒的速度离你而去。但是如果船朝着波源以 10 米每秒的速度进发，你会看到波以 11 米每秒的速度向你袭来；相反，如果船以 10 米每秒的速度驶离波源，那么你会以 9 米每秒的速度摆脱水波。通过这个方法，你就能确定自己相对于水的所谓绝对速度。

沉浸在以太中的地球与水中的船类似。电磁波的移动速度为 300 000 千米每秒，这是宇宙的性质，与波源的速度无关。这一点和水波完全一样。与前面的方法类似，如果我们在以太中运动，通过测量看到的光波速度就能确定我们相对于介质的绝对速度。这个实验只需要测量光在不同方向上传过以太的速度，据此就能够找到与麦克斯韦的计算值完全匹配的构架。而这种构架就是宇宙的基本构架：相对于以太而言完全静止的一种状态。

牛顿运动定律在这里似乎完全适用，甚至是无可替代的。即如果地球在相对以太做运动，那么以相同方向运动的光就会被地球速度所加速，而与之垂直运动的光却不会有加速现象。根据麦克斯韦的理论计算，只有在相对以太完全静止时，光速才会是 300 000 千米每秒。

地球距太阳 1.5 亿千米，因此地球公转一圈要走数十亿千米的路程。考虑公转周期是一年，约 3 千万秒，这意味着地球公转速度约为 30 千米每秒。根据麦克斯韦的理论，光"相对以太"以 300 000 千米每秒的速度运动，那么当地球运动到公转轨道上以圆心对称的两点上时，其相对光的速度会有 60 千米每秒的不同，即光速的 1/5 000。

要测量由地球运动引起的如此微小的光速变化，需要很精密的仪器。艾伯特·迈克逊（Albert Michelson）在 1881 年进行了首次实验尝试。但直到 1887 年，他才通过与爱德华·莫利（Edward Morley）的合作达到了测量所需精度。在他们的方法中，并不是比较相隔半年的同一个实验的不同结果，而是只进行了一次实验。他们将一束光一分为二，然后向不同方向发射，最终通过镜面系统将其折回起点。两束光的发射方向相互垂直，因此，如果一束光与地球运动方向平行，另一束则会垂直于地球运动方向。两束光会以不同的方式受到以太的影响，所以当他们经过折射回到起点时，到达的时间会略有不同。而两束光的振荡频率相同，那么这种到达时间上的微小差异会体现为振荡幅度的不同。

如果一束光波速度变慢，譬如以太影响了它的速度，那么它的振荡时间就会比另一束略长，两束光的波峰和波谷会干涉形成明暗相间的条纹。通过测量条纹的宽度和数量，就可以精确地标定出两条相互垂直的光束之间的相对速度。最初迈克逊在柏林独自进行这个实验，之后又与莫利在美国合作进行了更高精度的实验。但自始至终，期望的明暗相间条纹都没出现，他们因此推断：地球没有在以太中移动。迈克逊说得更为直白：静止以太的假设是错误的。

从逻辑上说，这个结论无懈可击；其意义巨大，立即引起了许多猜想。其中一些猜想认为以太就像皇帝的新装，也许存在，但是只有智者才能看见，俗人是无缘得见的。在皇帝新装的故事中，所有人都声称自己看到了皇帝华丽的衣服，直到一个天真无邪的小孩给出了正确的回答：皇帝一丝不挂，根本没有什么新装。与之类似，其实根本不存在以太。之后的爱因斯坦理论也完全证明了这一点。当然也有人认为，地球通过摩擦力将以太拖带着一起运动。

波 在 何 处

地球在以太中移动，带起了一个巨大的以太漩涡，以至于虽然地球相对遥远的以太是运动的，但是相对周围的以太来说却是静止的。

牛顿很早就发现，物体即使在空气中运动也会受到阻力。要达到他的运动定律所需的基本条件，即永恒不变的运动状态，必须将这种阻碍移除。因此以太也必须绝对消失才行。比如，牛顿运动定律可以对行星的运动进行准确描述，这意味着行星在太阳引力作用下自由地运动，没有受到什么阻碍。以太自然就没有和行星发生任何反应。但是这立即出现了一个悖论，即如果地球能将周围的以太拖动，那么必然就发生了相互作用，自然牛顿力学对行星运动的描述就不可能成功。尽管如此，仍出现了很多极富想象力的猜想。乔治·斯托克斯（George Stokes，1819—1903）是一位英国物理学家，以研究黏性流体闻名。他接受光的波动理论，也相信以太的存在。他认为，以太和蜡类似，虽然坚硬但是在力的驱使之下也能流动。这进而引出一些观点，认为行星的运动加载了一些力使以太流动起来，或者行星也通过摩擦力将以太拖着随自己运动。不幸的是，从来没有找到实验证据能证明这些观点。最终，这些猜想都因为各种特定性而被历史的洪流否定掉了。

英国的乔治·菲茨杰拉德（George Fitzgerald）和荷兰的亨德里克·洛伦兹（Hendrik Lorentz）发现了第三种可能的解释。他们各自独立地注意到，如果物体穿过一个以太，在运动方向上会发生收缩，收缩量决定于其对地球速度与光速之比的平方。如此，物体在以太中的运动就会被掩蔽而不被发现，迈克逊和莫利的实验结果也得到了很好的解释。

这个观点的细节如下。假设有一把米尺静止在地面上，现在想象一下这把尺子快速地在你面前飞过，当然这一切都发生在以太中。洛伦兹和菲茨杰拉德在当时给出了一个假设（现在知道这个假设是正确的），即使电磁力将尺子这种固体聚拢在一起，而在以太中的穿行会打乱这些力。他们利用麦克斯韦理论进行了计算，当物体运动速度为 v，光速为 c 时，尺子的长度会缩小一个微小的量：

$$\sqrt{1 - \frac{v^2}{c^2}} \tag{1}$$

地球的速度为 30 千米每秒，通过计算知道缩短量会小于百万分之一：一米长的尺子会缩短约一微米。

这个理论认为，当指向以太时，迈克逊和莫利实验中所用的设备会缩短；而与以太垂直时，长度则不变。这种纵向收缩和横向不变引起的距离上的微小差距，与期望的两束光之间前后到达的时间延迟完全吻合，最终导致无法测到光程差。在这种解释下，以太可以填满空间，而以太中的运动本身就不可能被测到，根源在于测量装置本身就会帮忙将结果隐藏起来。

这种解释也意味着物体在以太中运动时，对于加速度的反应会发生变化，即运动物体的惯性或者说质量会按

波在何处

$1/\sqrt{1-\frac{v^2}{c^2}}$ 增加。因此，随着物体的速度 v 接近光速 c，直到 $v=c$，此时物质的质量会变得无穷大。所以无论多轻的物体，要将其加速到光速，所需的力都是无穷大的。这种观点似乎有点牵强，当时并不广为接受。但在 1901 年，科学家发现放射性 β 射线中的电子运动速度不同时，质量也不相同，而质量与速度的关系完全符合以上公式。这使得人们开始关注洛伦兹 - 菲茨杰拉德变换，其也开始被大众逐渐接受。

今天人们知道这些速度相关的变换是正确的。随着速度增大，长度会压缩而质量会增大。参考的变换公式就是 $1/\sqrt{1-\frac{v^2}{c^2}}$，但这种变化的原因并非如洛伦兹和菲茨杰拉德所言。关于这个问题，爱因斯坦有一个新观点：无论光源或观察者的速度如何，光速都不变，这种现象在某种程度上是因为传播距离按洛伦兹 - 菲茨杰拉德公式在缩短，而这种缩短并非源于以太对于尺度的作用。对于爱因斯坦而言，收缩是空间本身的一种固有性质。不同速度的观察者记录距离和时差的方式是不同的：一个观察者眼里的空间对于另一个观察者而言却是一个时空混合体。这个观点是爱因斯坦相对论的基础，其开创了一个全新的时空观。

5

随光束旅行

迈克逊与莫利的实验表明地球相对以太没有发生可测量的运动。洛伦兹和菲茨杰拉德指出是以太扭曲了测量仪器导致测量失准，但爱因斯坦给出了更为彻底的解释：以太根本不存在。

光速与光源以及接受者的速度无关，这其实非常不可思议。当然我们尚不清楚爱因斯坦对于这个问题的理解深度如何。[1]在所有相关的事件中，爱因斯坦都在思考事物关于移动的对称性。如果没有以太，就没有绝对空间，自然就没有绝对运动，而只有相对运动才有物理意义。

请参考 85 页，或者 A.Hey &P.Walters，*Einstein's Mirror*，Cambridge University Press，1997，P50.

爱因斯坦知道光是一种电磁辐射，其性质服从麦克斯韦方程组。但他想知道，在做相对运动的两个观察者看来，这种辐射会呈现出什么状态。他还特别进行了一系列的"思想实验"，德语中称为"Gedanken实验"，就是根据物理定律来想象会发生的各种情况。

爱因斯坦在 16 岁时就想了解如果随光束旅行会怎么样。如果光是以太中的电磁振荡，形如声波在空气中的振荡，那么由于声波相对空气以 1 马赫的速度传播，光就应该相对以太以 300 000 千米每秒的速度传播。❶ 1900 年时，还没有高速喷气式飞机，但是他可能已经想象出一个物体在空气中以声速 1 马赫飞行，与空气中的压力波传递速度相同。如果用以太取代空气，用光取代声音，我们就可以想象和光波一起旅行时的情境。如果这种与声音的相似性假设是正确的，那么就会产生一些怪异的结论。首先，你在镜子中看不见自己：从你自己发出的光和你以相同的速度飞向镜子，

光速的通用符号是 c，你可以理解这个 c 表示光速是恒定的。

随光束旅行

因为光无法在你之前到达镜子，更别说反射回来。这当然会让人觉得怪怪的，但似乎也还没到完全超出想象能力的程度。真正的物理矛盾出现在引入麦克斯韦理论之后。如果你继续向前，终于赶上这个电磁场的振荡波，接着在波的旁边以光速 c 运动，你会发现旁边的电磁场在空间的两侧会振荡但是没有前进，处于静止状态。在麦克斯韦方程组中，并不存在这种事情：振荡的电磁波始终以光速 c 运动。我们现在已知的各种情况都支持麦克斯韦的电磁理论，它应该是正确的。而如果它正确，爱因斯坦想象中以光速运动的情形就不可能发生：我们永远也达不到光速。

这使得爱因斯坦开始思考速度的定义，以及绝对和相对的概念。在这次思维实验中，他想象了一个我们都有过的经历，即在火车上的旅客观察另外一列火车时的情景。

假设你正坐在一列停在站内的火车上，旁边轨道上有另一列火车。邻车只是暂时停靠，前进方向与本列车相反。经过漫长的等待，你终于发现自己相对于邻车移动了，这种移动如此平缓，使得你感觉不到加速带来的作用力。随着邻车的车厢一节节滑过，直到最后一节车厢在面前消失。这时你才发现，是邻车开走了，而你所在的列车却在原地纹丝未动。20 世纪 30 年代，爱因斯坦生活在牛津的基督教堂学院，每次在伦敦火车站出发前，他估计都会不停地念叨："这鬼列车啥时候才到牛津啊？"❶这个例子中涉及了绝对静止的概念，也就是站台和周围风景这些绝对静止的参照物。爱因斯坦认为，如果实验中两列火车处于真空中，都匀速运动，没有以太来定义绝对静止，那么就无法测定哪一列火车在运动，哪一列在静止。由于描述电场和磁场相应的麦克斯韦方程组，作用到这两列火车上时，会得出相同的结果，尤其会发现相对于两列火车而言光速是相同的。

迈克逊和莫利很早就在实验中证实了这个现象，而争议只在于爱因斯坦参考了他们的结果还是完全通过他的思维实验推测出了光速的恒定性。爱因斯坦曾多次声明，在 1905 年他提出狭义相对论时，并不知道迈克逊和莫利的实验结果。但在 1952 年，他又告诉亚伯拉罕·派斯（Abraham Pais）❷称自己在 1905 年之前就知道了这个实验结果，当时他读到了洛伦兹的一篇文章，并"假设迈克逊的结果是正确的"。无论如何，这个实验现象毋庸置疑而又令

❶ 这个故事通常被人们强说成是爱因斯坦在剑桥经历的。但我和爱因斯坦都生活在牛津，至少 75 光年以外的外星人看来应该是这样的。

❷ 来自 Hey 和 Walters 的报告，*Einstein's Mirror*，P50.

人费解，完全违背了我们的直觉。而自牛顿时期就被广为流传而且欣然接受的"常识"时空观，现在看来似乎是错误的。

5.1　空间、时间及时空

一定时间间隔内运动的距离称为速度。依据"常识"，或者更高级一点，依据牛顿理论，用于测量空间的米尺和用于测量时间的钟表在所有情况下测量结果都应相同。速度等于距离除以时长，而相对速度的增减要看你相对于这个物体的运动状态。然而，常识不适用于光束，无论你跑得多快，方向如何，你与光速之间的相对速度都是不变的。爱因斯坦认识到，一定是我们的时空概念出了问题。

什么称为同时？如果地球上的人和火星上的宇航员"同时"做一件事，他们如何知道用的时钟是同步的呢？最简单的办法是我们瞬间向火星发射一个时钟信号，那么一切迎刃而解。但是现实是由于信号最多以光速 c 传播，所以到达火星的时间会延迟。那么当火星收到信号后，再回发一个反馈信息，由此我们再调整时钟。这看起来可行。但是又有一点，行星都在不停运动；乍一看可以通过各种计算来将运动的影响算出来，但是爱因斯坦的另一个思维实验揭示，或者说暗喻着还有很多我们没有看到的东西，这些影响是无法计算出来的。

我相信爱因斯坦一定特别喜欢火车。想象你处于静止火车的中部，同时向车首的驾驶员和车尾的警卫发射一束光信号。他们会同时收到这个信号。这个现象在你看来如此，在旁边轨道上站着的人看来亦是如此。现在假设这辆火车匀速开动。我站在旁边轨道上，当你经过我的瞬间向驾驶员和警卫发射信号。你会看到信号同时到达，而我看到的却不是，因为光并非瞬间到达目标；在光从中部飞向车首尾的时间内，车首会远离我而车尾会靠近我。从我的视角看，信号到达警卫的时间会早于驾驶员约几个纳秒。**❶** 当然你还是会坚持认为光信号是同时到达目标的。

　　在火车上的人记录下来的同时，在旁边轨道上的人看来却不是同时的；时间间隔实际上就是所谓的时间流逝，它的定义与我们的相对运动状态有关。

　　爱因斯坦早就意识到光速 c 是恒定的，与接受者和传递者的运动状态无关，但神奇的是其与时间概念有着某种关系——两个相对运动的人定义的时间是不同的。光速 c 恒定这种现象有一个"天然"的解释，

一纳秒等于 10 亿分之一秒。在一纳秒时间内，光束会运行 30 厘米，也就是一英尺，大约一个脚印的长度。

即如果光速无限，那么信号就可以瞬间传播，那么我们就没必要讨论如何定义、测量和比较时间间隔了。在日常生活中，光速 c 几乎是无限大的，而时间的细微差别常常被忽略。爱因斯坦认为，c 的有限和恒定表明我们必须重新审视之前认为显而易见的事情。

他致力于寻求逻辑结论，发现不仅仅是时间间隔，在不同的惯性系中测得的距离也不同，这种距离的差别决定于两个惯性系的相对运动速度。空间收缩和时间拉伸会遵循一个普适量；两个相对速度为 v 的人得到的这个普适量为 $\sqrt{1-\frac{v^2}{c^2}}$，这个量与洛伦兹和菲茨杰拉德在以太理论中引入的公式一样。在日常的生活中，这个因子非常接近 1，所以被忽略也不足为奇；但对于高速运动的粒子，比如在宇宙射线或者如 CERN 所拥有的大型加速器内，这种影响就十分致命了。

最常见的宇宙射线是一种被称为 μ 子的粒子。如果你是一个新生 μ 子，那么你的期望寿命只有百万分之一秒。如果宇宙射线打在距地表 20 千米的大气层顶部，然后生成一个 μ 子，它会以接近 300 000 千米每秒的速度飞行，在寿命期内可以飞行约 300 米。神奇的是 μ 子居然可以到达地面，比如宇宙射线中的 μ 子此时就正穿过这一页书。μ 子怎么能在百万分之一秒内穿过 20 千米厚的大气层呢？实际上它们没法做到这一点。这个现象的解释是，地表观察者眼中的时间和空间与飞行的 μ 子感觉到的是不同的。

μ 子相对地球的飞行速度 v 很快，因此因子 $1/\sqrt{1-\frac{v^2}{c^2}}$ 会变得很大，大到数千。如果在 μ 子内部放一个时钟，那么当这个时钟走过百万分之一秒时，地球上的时钟测到的时间会被拉伸到几百分之一秒，这就足够 μ 子穿透 20 千米的大气层了。

基于地表观察者的时空模型很好地解释了这个悖论，但是如何从 μ 子的视角来解释呢？在 μ 子内部，你会直观地感觉到自己是静止不动的，地球则在向你高速袭来。而地表观察者测量得到的 20 千米厚的大气层，在你看来会按 $\sqrt{1-\frac{v^2}{c^2}}$ 的量进行压缩，最终在你眼里仅有几米高。在你的时空下，虽然寿命只有百万分之一秒，但是空间距离也只有几米，所以要穿过这点距离完全不是问题。

距离的压缩和时间的膨胀是精确相扣的，而光速快慢是距离与时间之比，因此对于高速 μ 子和地表静止的科学家而言，光速都是相同的。如果光速无限大，信号就可以瞬间传递，那么所有这些"违背自然"的现象也就不会存在，而每个人测量的距离和时间间隔都会完全一样。在这种情况下，μ 子的速度也能达到无限大，足以瞬间到达地表。正是因为光速 c 是有限的，使得空间和时间的构型与我们的速度相关；也正是因为 c 有限而又巨大，才使得我们在慵懒的日常生活中忽略了它的影响。

虽然在不同的系统中看到的时间和空间会发生变化，但爱因斯坦的分析显示，有一个特殊的组合始终保持不变。这就形成了我们现在的时空观。在几何上通常有二维和三维这种概念，但是将相似的概念扩展到四维——其中三维表示空间，而时间是第四维度。这种四维的概念就可以用来说明上述的不变组合。

5.2 时 空

麦克斯韦的电磁理论认为电磁辐射按宇宙速度传播，这导致了爱因斯坦在他的《狭义相对论》一书中描绘出全新的世界观。爱因斯坦在书中详细列出了牛顿的惯性系概念及其隐含的测量标杆框架，包括时间是如何恒定流逝的，并解释称牛顿的这些观点都只是对更加深奥的系统的近似理解。之后德国数学家赫尔曼·明科夫斯基很快注意到，如果时间和空间在所谓的四维时空中纠缠在一起，那么这个理论会呈现出一种相似的形式。你一定知道毕达哥拉斯定理：在一个二维的直角三角形中，假设两条直角边长度分别为 x、y，那么斜边的长度 s 满足 $s^2 = x^2 + y^2$。我们可以将 x、y 想象成一个点的经度和纬度值，通过旋转地图就能赋予其新的经度和纬度值，而无论如何，经纬线都是相互垂直的。所以无论 x 和 y 如何变换，s^2 的值都保持不变；我们可以说，s^2 不随旋转而变化（图5.1）。在三维空间中，存在经度、纬度以及离地高度 z。而不变的长度 s 也可以推广到三维：$s^2=x^2+y^2+z^2$。在任何惯性系中这个等式都成立：无论怎么旋转或者替换，s^2 的长度都保持不变。

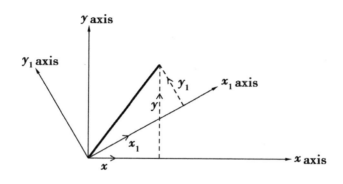

图5.1 毕达哥拉斯告诉我们，$s^2=x^2+y^2$ 这个等式与 x、y 的垂直方向无关

在狭义相对论中，如果物体从一个系进入另一个系，其物理量并非不会发生任何变化。特别是在一个高速移动的系中，其距离会缩短。与此同时，时钟也会发生变化。人们已经证实，在两个系中，时空联合体会保持不变：$s^2=x^2+y^2+z^2-c^2t^2$。其中，c 表示恒定的光速。明科夫斯基觉得空间和时间可以被看成一种独立的四维时空；时间和空间维度的方向发生细微的变化，会部分导致时间坐标前

随光束旅行

出现负号，而空间坐标前会出现正号。

所有的这些观点都源于人们在思考：在不同惯性系中的人看到的电磁现象有何不同（爱因斯坦的文章就曾以"移动物体中的电动力学"为题）？在这个思维实验中，并没有包含引力的作用，所以爱因斯坦意识到他的理论还不完备。在氢原子中存在电子和质子，它们之间除了电磁力之外还有引力作用；而时空构造必须对两种作用都一视同仁，否则无法决定遵循哪一种。有件事通常看来十分不可思议：一个发生电磁现象的虚空，却运转在一个不同的时空构造下，其中充斥着无所不在的万有引力。

根据牛顿的万有引力理论，太阳和地球可以即时发生作用。但是根据爱因斯坦 1905 年提出的相对论，这种作用只能按光速传递，因此引力作用是需要时间的，正如电磁力作用一样。从实用主义的角度看，这似乎没什么相干，因为太阳系的行星围绕太阳的运动速度比光速的 1/1 000 还慢，而在这么"慢"的速度下相对论效应是可以忽略的。但是这还是一个原则性的问题，爱因斯坦在 1916 年发表的广义相对论对其进行了解答。

6

自由空间的代价

6.1　时空扭曲

通过对电磁辐射、光等进行思维实验，爱因斯坦创立了他的狭义相对论。顺着这个路子，他开始思考万有引力，最终提出了广义相对论。

爱因斯坦最初的狭义相对论基于一个假设，即没有绝对的静止。而他的广义相对论同样基于一个假设，即没有绝对尺度的力和加速度。他首先考虑包含引力的相对论问题。光速是一个广泛的常数，这是一个公理，也是狭义相对论的基础。光具有能量，而引力不但会作用于质量而且还会作用于各种形式的能量，所以引力会弯曲光束。当光束经过比如太阳这种巨大的物质旁边的时候，这种弯曲就会非常明显。由于在宇宙中引力无处不在，所以光束总是会被扰乱。所以相对论原理中提到的基本假设，即光沿直线匀速传播，看来不可能实现，除非有什么办法能将宇宙中的引力关掉。爱因斯坦意识到这是一个迫切的问题，而要彻底解决它需要花费自己十年光阴。而当他想到自由下落的物体时，突然意识到此时引力实际上就被关掉了。这个想法非常重要，意味着此时没有净力作用在物体上，因此它在做匀速运动。

一块下落的岩石是没有质量的。如果你接住它，所感觉到的质量实际上是一个力，用于阻止石头落地。我们脚下坚固的地板阻止了我们下落到地心中去。地板给了我们一个阻力，阻止我们掉下去，这个阻力就是我们平时感觉到的质量。倘若地板和地球都是蒸汽，那么我们就会失重，最终掉落到这颗美丽行星的中心里去。

以此为出发点，爱因斯坦进行了另一个思维实验。

假设你处在一个自由下落的客舱里，客舱没有窗户，因此你无从知晓外面的情况。也许这个客舱是一个故障电梯，或者是没那么恐怖的绕地球飞行的卫星。在卫星的例子中，你和卫星都在自由下落，但是却一直在"水平"运动，地球表面的弯曲使得地表在远离你的同时，你也在按相同速率朝它掉落过去。而在电梯的例子中，在你可见的周围你无法感觉到任何万有引力。比如，如果你松开手里的球，它会受到地球引力，最终和你按相同速率朝地心飞去，结果相对你而言它是静止的。而宇航员之所以能在飞船中悬浮，也是因为他们和飞船在以相同的速率"掉落"。虽然我们有幸知道宇航员们是在地球重力场作用中下落，但是宇航员自己却感觉不到力，在飞船内封闭环境中他们完全可以认为自己是静止不动的。爱因斯坦认识到，在自由下落的"失重"状态下，实际的地球引力已经消失无踪了。

这同样适用于光束。光和常规的实物一样，会被巨大的物体所吸引。1919年发生日全食时人们就证实了这一点。当日全食发生时，遥远的恒星偏离了人们眼中的"正常"位置，因为当这些恒星发出的光经过太阳附近时被太阳引力场弯曲了。❶ 假设你被关在一个自由下落的客舱中，然后与客舱地板平行地打开一束手电筒光，同时在地面进行精确的测量，会测到这束光随着引力"下落"时发生了略微的弯曲。在光从客舱的一端飞向另一端的过程中，它会和对面的舱壁按相同速率跌向地球。最终导致在客舱内部看来，光是按直线传播的；并且再一次地，所有现象都显示你确实在一个不受力的自由环境中处于静止状态。

早在1911年，当时爱因斯坦尚未完成其广义相对论理论，他就认识到了这一点。到1916年他已经形成了完备的理论，显示这种影响是他最初假设值的两倍，因为空间和时间会同时发生扭曲变形。本来人们准备在1915年的日全食时尝试一个实验，来证明爱因斯坦的预测是错误的，但是随着世界大战的爆发，这个实验被搁置了。

假设你所在的飞船隶属一个太空舰队，舰队中每艘飞船都精确地按1千米的间隔排开，保持队形朝地球自由下落。此时所有的宇航员都会觉得自己处于静止状态，或者在平行直线上运动，但很快他们会注意到所有的飞船正在互相靠近。产生这个现象的原因是，每艘船都在向远处的地心自由下落，而相对地心点的轨道会不断收缩。爱因斯坦的观点认为，引力的作用使得自由下落物体的轨迹会汇成一点。

地球南北极附近的经度线也会汇集，这与上述画面很像，这个相似的情形使得爱因斯坦得出了一个深奥的见解。如果在一个平表面绘制地图，比如作墨卡托投影，经度线会相互平行；而在地表的曲面上，这些"直线"最初在赤道上是平行的，但随着一端朝北延伸，这些线开始渐渐收缩并最终汇聚到极点。究其原因，是二维的地球表面被弯曲到了三维。由此，爱因斯坦作出了一个重大的推论：在引力场作用下，自由下落的线和某个"面"上的经度线相似，会在某些更高的维度下发生弯曲。他想象空间的三维"面"会被巨大的质量团所拉伸。而沿着这些曲线的自由落体运动，被觉得是偏离了"直"线，并被归结成是万有引力的作用。

想要理解爱因斯坦是如何将这个想法与其时空理念结合起来的，我们可以先看看二维的例子。首先回想一下毕达哥拉斯定理，直角三角形的斜边长的平方等于两个直角边长的平方和：$s^2=x^2+y^2$。在平面上，三角形的 3 个角度

自由空间的代价

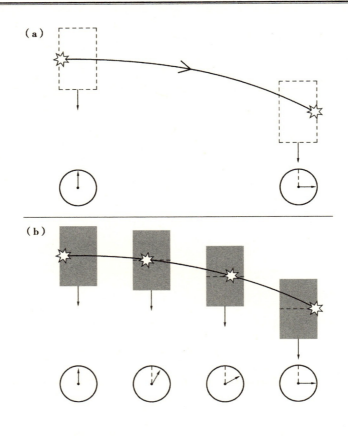

图6.1 所示为一支手电筒处于自由下落的盒子中部。它发出的光穿过盒子，
地心引力作用将盒子和光束同时拉向地面。在（a）图中，显示从地面看几
个纳秒内出现的弯曲光路。在（b）图中，显示在盒子内部的人感觉到的光路。
由于盒子和光都按相同速率下落，光在盒子内部呈现水平直线穿行状态。

和为 180°，上述定理成立；而在曲面上，这个定理是不成立的。如果我们想象一下环球旅行，这就更容易理解了。我们首先沿着赤道前进，由本初子午线走到东经 90°。然后，向左转 90°，向北走到北极点。然后再向左转 90°，会朝向南方（从北极点看，所有方向都是南方）。之后你会沿着本初子午线向下走，最终到达赤道上的起点，这样就完成了一次三角形的旅行，而这个三角形有 3 个直角。显然，这 3 个角度和超过了 180°，这就已经表明你不是在一个平整空间中；而很明显地，这不适用毕达哥拉斯定理——这里哪条边是斜边呢？

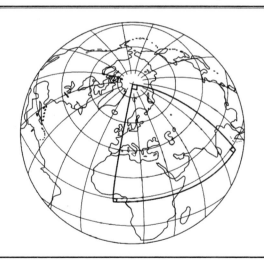

图 6.2　叠加了一个三角形的地球模型。三角形的一条边由赤道开始，沿着本初子午线到达北极点；底边沿着赤道，从本初子午线开始，到东经（或西经）90° 为止；第三条边从赤道开始，沿着东经（或西经)90° 线到达北极点为止。

自 由 空 间 的 代 价

居住在弯曲面上还有很多其他的惊奇之处，比如：当所有的线都会在至少一个维度上产生弯曲，那什么才是直线呢？

在平面上，两点之间的最近距离就是一条直线。爱因斯坦意识到，最短距离的概念是基本；在被引力扭曲的时空中，光会沿着两点间最近的路径飞行。在地球表面，最近的路径就是圆弧。从北纬55°的伦敦飞到约北纬30°的洛杉矶，你可能天真地以为朝向西南方飞行更近，而实际上航班会沿着西北方向的圆弧飞行，跨过格陵兰岛。这种圆弧正式的名称是测地线，意思是"地球分隔线"。这种情况下的三角形，各边长的关系公式就比毕达哥拉斯定理复杂多了，必须给出表面的弯曲情况、相对各个角的"米"长是多少——专业术语称为"度量"标准。爱因斯坦要建立扭曲时空下的引力理论，需要回答两个问题：①在物质的一些结构中，时空度量是什么？②在度量的形式下，物体如何四处运动？

如果没有物质，我们可以使用已有的度量标准公式：$s^2=x^2+y^2+z^2-c^2t^2$，且时空被认为是平的。而当物质出现之后，距离和时间的关系就会发生变化，时空就发生了扭曲。

在我们的太阳系中，最著名的时空弯曲证据来自水星。和其他行星一样，水星的运转轨道也是一个椭圆，但是其近日点在发生明显的进动。在到达近日点时，它离太阳最近，受到的万有引力最强，运动得也最快，也最容易受到相对论效应的影响。空间弯曲使得太阳周围的距离发生了轻微改变，变得和平展空间内牛顿体系的值不同了。在牛顿体系内，物体完成一次绕圈之后，会在相同的轨道重复运动；但空间弯曲时，物体每次的运转轨道都不会完全相同。最终导致的结果是，水星的运转轨道每年都在变化，这完全印证了爱因斯坦的理论。

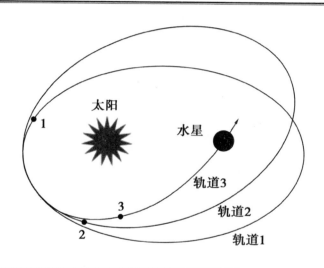

图6.3　水星近日点的移动。图上所标出的1、2、3
点表示在相继的三个轨道上的离太阳最近的点。

爱因斯坦认为，时空就像一种弹性固体，比如一张橡胶板。此时，当一个巨大质量块出现在介质中，比如太阳或者地球，就会产生一个很大的引力导致介质发生弯曲。

自由空间的代价

如果这个质量块在加速，比如两个恒星相互旋转，或是一颗恒星突然瓦解然后爆炸成一颗超新星，根据爱因斯坦的上述理论，此时就会向媒介中发射引力波，就像地震会向地球中发射地震波一样。

　　关于引力辐射的发生，现在仍然只是一个预言，亟待实验验证，直接办法是如何实际测到这种波。但所幸已经有间接证据支持这个预言。有两个恒星，名为脉冲双星PSR 1913+16，它们按 7 小时 45 分钟的周期相互旋转。此脉冲星每 1/600 秒会发射一次脉冲电磁波，就像灯塔发出的旋转灯信号。当灯塔的旋转光束指向你时，你才会看到一次灯塔闪光，而当它转到其他方向上时，你就看不到。而脉冲星发出的两个连续脉冲之间有 1/600 秒的时间间隔，这意味着脉冲星每秒旋转 17 次。在爱因斯坦的理论中，这种双星系统会以引力波的形式放出能量，而其轨道周期会缓慢变短。天文学家约瑟夫·泰勒（Joseph Taylor）和拉塞尔·赫尔斯（Russell Hulse）后来测到了这种周期变化，并发现其与爱因斯坦的预期完全吻合。由此他们获得了 1975 年的诺贝尔奖。

　　有了爱因斯坦理论的这个证据，我们开始相信空间确实类似一种弹性介质，这不禁让人联想到爱因斯坦研究电磁辐射时用过的以太，而他的狭义相对论早就将以太论击得粉碎。尽管如此，相对论中并不意味着不存在以太，只是说在那种以太中的物质必须符合相对论原则！"以太"的一个例子就是电场，你通常无法发现它，除非使它发生振荡：此时就会发现它确实存在。相对论下的以太同时需要电场和磁场，其中的转换会按光速传播。类似地，对于引力场以太，在时空度量下荡漾的引力波也会按照光的宇宙速度传播。

6.2　引力和弯曲

"平展"空间是指一种特定空间，其中平行线永远不相交，这符合欧几里得和牛顿的理论；而在弯曲空间内，这些线会相互聚焦，而测地线的汇聚率就是弯曲度的一种度量值。通过将弯曲和引力场联系起来，爱因斯坦构想出了他的广义相对论。下面介绍一下他的工作。

时间和空间，或者电场和磁场，仅能在只参考一个观察者时被清晰地分开；对于另一个做相对运动的观察者而言，它们都是互相纠缠在一起的，以至于只有时空、电磁才是唯一真正的恒量。相似的标签也贴在能量和动量上：在时空中，运动的相对论度量是所谓的"能动"。这在爱因斯坦 1905 年的狭义相对论中就被他提出了，当时还没有考虑到引力。他同时指出，质量是一种能量的形式，质能公式为 $E=mc^2$；在他的引力相对论中，他归纳了牛顿的理论，即质量是力的来源，并通过一些等式将能动密度和时空弯曲联系起来。

请注意，我说等式的时候用了"一些"这个词。弯曲就是任意四维时空中一条线从一个方向偏离到另一个方向，想追踪这种偏离，就要根据开始和截止坐标组成的每种可能组合写出单独的等式。

弯曲度正比于能动密度和 300 年前牛顿定义的万有引力强度，反比于光速的 4 次方（$1/c^4$）。这就意味着：给定能动量时，如果万有引力变强(弱)，导致的弯曲会变大(小)；如果按牛顿的想象，c 是无穷大的，那么 $1/c^4$ 约等于 0，那么弯曲也就不复存在，此时就可以说时空是平展的。这和牛顿的时空描述吻合，其中物质的运动不会影响空间和时间，平行直线也永远不会会合。而爱因斯坦认为质量和能量之比决定了时空的形态。因此，牛顿的万有引力理论只是爱因斯坦理论的一种特殊情况：光速 c 无限大。对于爱因斯坦而言，信号传递速度不能大于 c，也不存在所谓同时。至于牛顿所认为的引力能产生即时作用，只在 c 无限大时成立。

在平展时空中，光束沿直线传播，换句话说就是：它沿着最短路径传播。在广义相对论中，光束仍然沿最短路径传播。这是光穿过不同介质时的一种常见的光学属性。所谓最短的"光程"，实际上是最小振荡数或者最短时间，它导致了光束的弯曲，被称为折射；将一根棍子放在水中，当不与水面垂直时，看起来就是弯的。而美丽的七色彩虹，也源于光到达空气或者水、玻璃这些表面时分裂为不同颜色。所以我们用棱镜也能制作出小彩虹。追根溯源，不同颜色的光有不同的振动频率，因此会各自寻找适合自己的最短光程。将这个现象推广到时空中的物体：彗星之所以被太阳折射，是它在沿着最短路程，以便以最短时间穿过深度空间，从太阳系的一边到达遥远的另一边。

地球上的观察者将彗星的弯曲轨道解释为太阳引力的作用。而爱因斯坦坚持彗星是自由下落的，事实上是静止并且不受力的。因此，在平展空间中的飞行路径按牛顿理论看是一条直线，但在弯曲时空中就变成了曲线。

从理论上讲，人们可以用三束光构成一个三角形，通过它就能测量出时空的弯曲度。在平展空间中我们知道这个三角形的 3 个角度和是 180°，但此时可能超过或不足 180°。考虑一个简单的例子，如果发出两束光，它们都向地心跌落，最终会和经度线一样交会到一起，而此时光束构成的三角形度数和就会大于 180°。这就可以揭示出空间被弯曲了，但"在什么里弯曲呢？"回顾一下，爱因斯坦最初的灵感来源于地球的二维表面，其在三维中发生弯曲；太空飞船或光束的飞行路径则在更高的维度下发生弯曲（至少数学上是这样的）。粗略地讲，三维空间的弯曲就发生在时间这个第四维度下。❶ 如果我们从更简单的情况出发，即光穿过的平展时空是没有引力的，那么我们就能逐步描绘出这种景象。

相对论的一个必不可少的基础是：光在所有物质中的传播速度都是恒定且相同的。然而，当我们靠近或者远离光源时，就会发生一些改变：就像汽车喇叭，当车靠近（远离）你的时候，喇叭的音调会升高（降低），光会类似地改变颜色（频率或者"音调"）。当光源远离时会发生红移，而当光源靠近时会发生蓝移，这种现象就被称为多普勒效应。人类感觉到的颜色，实际上是电磁场前后振荡的频率有不同，而频率是时间节拍的一种度量。当光穿过引力场时，会产生一个附加效应，正是这个效应构成了爱因斯坦空间扭曲的源头。

当一丝光线穿过太阳的引力场时，我们会看到它的路径发生弯曲。太阳、中子星、黑洞等都是巨大的引力源，当光束朝这些引力源跌落时，内部会互相收缩，就像我们之前说过的太空舰队一样。而根据广义相对论，不仅相对运动会引起静止观察者眼中产生色移，而且引力也能引起这种色移。随着引力场不断变强，电磁场的振荡频率也越来越向红色光频率移位。而随着光束接近引力源，远处的观察者会发现红移现象越来越明显。光的振荡频率在降低；而这个频率是光天然的时钟，即光自己的时钟变慢了。如果光束接近黑洞的边缘，那么频率会降低为 0；从某种意义上说时间会原地不动，导致从地球上的观察者角度看，随着光束变得越来越红和昏暗，要进入黑洞所需要的时间就变得无限长。对于光束本身而言，它只是在做自由下落，什么也没有发生。其他的光束和它靠得越来越近，实际上在黑洞内部所有的光路都紧密弯曲，紧密程度足以使得朝外的光路永远无法穿过黑洞边界；光因此无法逃出黑洞，黑洞也就变"黑"了。在引力的作用下，光束都沿着宇宙的测地线在传播，而时间在渐渐地被拉伸。正是时间维度的扭曲，导致空间的其他 3 个维度内的路径发生弯曲。如果你能从时间拉伸这个简单的景象发散思维，能想象出在相对论性不变时空中时间和空间是相互纠缠的，那么你的想象力肯定比我强。这也足以说明爱因斯坦方程式的数学问题符合会计学原理，而潜在的物理事实却是当自由下落时引力被"关闭"使得时间发生拉伸。

6.3 宇宙膨胀

虽然基本概念在主观上容易想象，但要真正求解爱因斯坦方程组可没那么容易。直到今天，虽然已经过去了近一个世纪，但也只在有限的几个情况下解了出来。其中最简单的情形是没有能动量，也不会有弯曲：宇宙就是平展的。而另一个有解的情况是，时空中没有物质，但也不是平展的。这违背了之前几个世纪的哲学中的天真预言，但在广义相对论中却能够发生，源于一个事实：信号以有限的光速 c 传播，而不是瞬时到达的。如果发生了某种事件，使得能量分布突然改变，比如超新星爆发或者恒星坍缩产生黑洞，就会向外以光速发射出引力波。引力场自身充满能量，同时局部的波动会导致更远的引力效应，能量波向前传播。如果这个引力波的原始物质源消失，波仍然会继续传播。所以我们可以想象宇宙中存在一个没有物质的区域，但是它的时空中仍然有引力波在荡漾。虚空中的空旷到此为止！

"在时空中荡漾"引出了一些问题，这句话的绝对意义是什么？而这种荡漾怎么才能测到？类似于地震会在地面上产生波动，从而扰乱地球上的测地线，引力波则会导致任意光子束的测地线发生振荡，适用于物质中的原子之间构成的空间。引力波的作用方式就像潮汐力，将存在的物质拉伸和挤压成新的形态。虽然迄今为止人们只发现了间接的一些暗示（就像我们之前提到的脉冲双星的例子），但科学家们正致力寻找引力波的直接证据。相距数千千米的不同实验室中的探测器正在进行电子学连接，以协调进行一个大型实验，代号 LIGO，意思是"激光干涉引力波天文台"（Laser Interferometer Gravity-wave Observatory）。科学家们也有计划在距离很远的卫星上分别安装探测器，简称 LISA，意思是"激光干涉太空天线"（Laser Interferometer Space Antenna）。当引力波到达一处长达 1 千米的长条时，这个长条就会微微收缩，甚至有可能只收缩了不到一个原子尺度那么一点点的距离。通过使用镜面系统反射激光束，科学家们就能发现原子尺度的微小距离变化。星球碰撞、黑洞、超新星以及其他灾难性事件都会产生引力波，而上述实验的目的不仅仅在于探测引力波，还能够通过它识别出波源的性质。科学家们甚至希望能探测到宇宙大爆炸时产生的微弱回波。

完成方程组之后，爱因斯坦想了解其对于宇宙来说意味着什么，为此他假设宇宙在所有方向上都是一致的。这导致了一个惊人的结论：宇宙的时空网格不能保持一致和静止；它必须时刻变化。实际上这些方程组揭示了在无限宇宙中各个物质之间相互产生的引力吸引是不稳定的，同一性的轻微偏离就会导致其瓦解。他想到了两种解答来解决这个问题。一个解答认为宇宙正在膨胀——这是方程组的一种解；但是在 1915 年时人们普遍认为宇宙是静止的、不变的，所以爱因斯坦致力于另一种可能的解。在他的方

自由空间的代价

程组中，在已知的引力逆平方定律之外，还允许引力包含一个额外的成分，其强度随着距离增加而增大，效应类似于反引力。在太阳系甚至银河系尺度上，这种效应都可以忽略不计，但是在宇宙的巨大尺度下，这种效应就变得非常可观，从而能够保持宇宙万物的稳定。爱因斯坦称其为拉姆达力，用希腊字母 Λ 表示，也被称为宇宙常数。

但随后发生的事情极具讽刺意味。首先，人们发现引入 Λ 并不能解决这个问题；Λ 不能使宇宙保持稳定。爱因斯坦曾将其看成自己一生中最大的无心之失。它是一个技术的失误，也是直觉的失败。数年之后，哈勃望远镜发现宇宙中包含的各个星系正在互相远离。星系离我们越远，离开的速度也越快，这与宇宙膨胀理论完全吻合。如果不引入 Λ，爱因斯坦方程组就可以完全预言出这个结果。幸运的是，近年来的观测发现宇宙膨胀正逐渐加快，似乎有某种宇宙排斥力在起作用。这也许是人们第一次证明实际上存在着一个很小的 Λ 值。

如今，人们渐渐发现，似乎空间中充满了一种奇怪的反引力，被称为暗能量。当宇宙处于早期的时候，空间非常小而紧凑，所以暗能量的影响并不明显。随着宇宙膨胀，星系之间的距离逐渐增加，万有引力减弱，最终导致宇宙中 Λ 能量开始占据上风。现在看来，这个转折点大概发生在 50 亿年前。

通过计算观测到的宇宙加速的膨胀率，可判断 Λ 的值很小，甚至可以说是难以置信的小；与牛顿的万有引力值相比，它约小 10^{126} 倍。**❶** 如果它的值很大，理论学家也许还会感觉舒服一些；又或者它完全不存在，等于 0，我们也容易理解。但现实是，每立方米的空间内都充满了小得难以置信的暗能量，而又不是完全等于 0。这是关于真空本性的一个高深的谜题，是自由空间的"代价"。

❶ 10^{126} 到底有多大呢，它比我们已知的整个宇宙中的所有质子的总和都还大万亿倍。

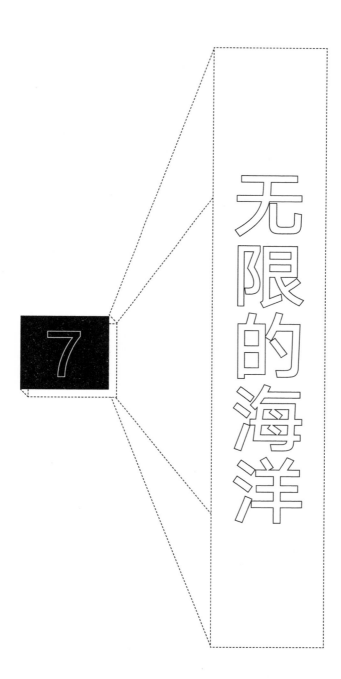

7

无限的海洋

7.1 量子世界

1687 年，牛顿在他的《力学基本原理》（*Principia*）一书中给出了第一条引力的宇宙法则。到 19 世纪中叶，詹姆斯·克拉克·麦克斯韦通过简洁的电磁学理论将一系列电和磁现象联系在了一起。在 1900 年的英国协会会议上，威廉·汤姆森（William Thomson）和罗德·凯尔文（Lord Kelvin）甚至宣称"物理之国土已无未开垦之地"。但仅仅 5 年之后，爱因斯坦就提出了相对论。令人感到讽刺的是，艾伯特·迈克逊的实验曾帮助爱因斯坦发现科学悖论并形成新的世界观，但他本人却仍然坚持"宏伟的物理学底层原理早已经被牢固地建立起来了，之后的物理学发现只是在做一些细枝末节的补充而已"。引用自 *Science*, 256（1992），1519.

在大自然面前，我们人类的想象力总是那样有限。随着相对论、核原子的发现以及量子力学的提出，人们才知道罗德·凯尔文和迈克逊曾经的言论是多么幼稚可笑。在牛顿和爱因斯坦的力学理论中，对于大物体的行为描述可谓举世无双，范围大到整个星系小至掉落的苹果，甚至到光束。其中前者更偏向直接实验；而后者中的光却不容易直观感知。但人们发现，在原子尺度上却需要使用量子力学，它似乎展示了一个无法确定的魔幻世界。这个发现构成了现代科学的另一个重大基础，虽然直观上它难以被理解。如果我们要尝试理解虚空，就必须先了解深奥的量子力学。实际上，量子力学似乎暗示了亚里士多德可能是正确的：真空绝对不是空的，其中充满了激烈的活动。所以，首先让我们看看量子的概念，并理解其和牛顿＆爱因斯坦理论之间的联系。

和原子比起来，人类可算庞然大物。我们的感官非常发达，足以感知到周围的宏观世界。对于我们的祖先而言，他们的眼睛足够发达，能够感觉到光谱；他们需要时刻注意潜在的捕食猛兽，但是不用关心射电星或者原子什么的。要看到原子，需要特制的显微镜。而显微镜的出现不过百余年的时间，通过它人们发现的很多现象完全违背了已知的物理定律。例如，台球会按照固定的线路发生撞击，但是原子束的散射角度却有不同，不同区域强弱不同，就像水波穿过通道后发生衍射产生的峰和谷。在孩提时期，我们感觉到的都是宏观世界，由此建立起的直觉思维都是宏观的。之后我们对事物规律的预期都基于这种宏观直觉；而与波相似的原子却不符合这种常规情况。

在 17 世纪，人类对原子还一无所知。当时牛顿总结出了宏观体力学定律，之后被爱因斯坦提炼并形成了我们迄今公认的自然观。然而，这个自然观是非常粗略的。对于含有大量微小粒子的物体，可以用牛顿＆爱因斯坦理论进行解释，但是这种解释非常肤浅。单个粒子服从一些更基本的准则，这些准则通常非常奇怪。比如，奇怪的是，单独原子的精确位置和运动状态是无法确定的。如果单独原子本身具有意识，经过这些实验之后它们也会发展出自己的直觉思维；它们会知道自己有直觉，而且也觉得自然而然。然而，自身意识包含有大量的原子。当大量的原子排列在一起，就会出现一些简单的规律性排列，导致组成的聚合物具有一些单独原子或小数目原子所不具有的性质。人类的意识只是其中一个例子；其他例子还有很多，例如金属的磁性、超导体的性质等，当原子聚集成宏观物体时才具有这些性质，单独的原子就没有这些性质。即使相同的原子或分子，通过不同的组织方式，也可以形成不同的状态，比如冰、水、水蒸气就是水分子的固态、液态、气态3种不同的相（到第8章，在讨论相变和特有真空时，我们会把这个理论进行拓展）。在这种情形下，从潜在的基本表现中，人们发现了一系列重大的物理定律[1]。

在很多量子的情况下，我们不知道基本方程式，或者知道方程式但是发现完全不可解，但是仍然可以预言很多科学现象。这是因为不仅仅原子和分子遵从组织性，独立原子层面的物理定律也可以推广到新的复杂系统组织中去。独立原子层面的基本引导方程是已知的，但是我们只能在几个简单的条件中解出来，对于固态和液态一筹莫展。但是这并不妨碍工程师们设计建造钢架结构或者液压系统。电荷法则是热力学和化学的基础；然后引出了刚性定律，并最终成为工程准则。也许没有基本准则来解释物质的液态是如何产生的，但

请参考 R.B.Laughlin, *A Different Universe*, Basic Books, 2005. 其中详细介绍了物理界的很多不可思议的自然现象。其中特别强调了牛顿定律只是对本质的一种解释，而不是本质。我们对量子现象一筹莫展，源于我们试图用牛顿定律来解释它们，而牛顿力学本身只是量子力学的一种特殊情况。

无限的海洋

不妨碍我们知道很多液体的一般性质。液体中不同点的压力相同，这一点不同于引力效应；根据这个原理，人们设计出了水银气压表和各种液压装置。这是液态组织的性质，与原子层面的基本原则完全不相干。这直接导致了伽利略和托里拆利在液体和真空方面的发现，和本书开头描述的一样。

正是这些层次分明的结构和定律，使我们能够理解和描述这个世界；外层依赖于内层，但是又具有自己的特性，经常可以独立对待。所以，工程师们在建造桥梁时，只需要考虑压力和拉力，而不用考虑更基础的原子物理。

一直以来，所有工程和技术的基础都是牛顿运动定律——物体做匀速直线运动，直到受力改变运动状态；对于相同的力，质量越大加速度越小；加速度的方向和受力方向相同。在 300 年的漫长岁月中，这个定律一直适用得很好，但当物体接近光速时它就不适用了，这时候就得借助爱因斯坦的相对论了。而在原子尺度上，也需要用量子力学替代牛顿力学。

当前的物理实验基本都是在大体积物质层面上，对于内部原子理解相对较少，但是各种现象暗示内部的原子结构时刻在进行着剧烈的运动。我们能看见植物不断长高，并不会看见碳和氧从空气进入植物中并最终变成叶子；面包中的粮食会神奇地形成人体，因为分子被重组了。所有这些情况都是原子在发号施令，而我们这些笨重的宏观体只能看见大型的最终产物。牛顿力学也只能对那些大型物质的行为适用。

牛顿之后经过两百年，人类才发展出足够的实验技术，开始认识原子结构。从 20 世纪初开始，各种原子粒子层面上的奇怪实验现象不断出现，似乎不符合牛顿力学，比如早先我们提到的原子具有波动性。

这个谜团的最终结果是，"这是科学史上一个经典的案例，即理论必须遵从实验，别无其他。"[1]在 20 世纪 20 年代，量子力学定律被发现了，这是一种作用于微小物质的力学机制。量子力学出现以后，就可以预言很多精度达到十亿分之一的事件了。但是它也引出了很多稀奇古怪的悖论，江湖术士会利用它来骗人说：科学家们正在研究平行宇宙，在那里猫王仍然健在，而且可以通过心灵感应进行交流。

这种悖论有很多，一直困扰着我们，其中一个悖论是：移除物质、场等所有事物之后，可以形成一个虚空，但是随之产生的大尺度的空旷本身也是一个集体效应。从原子尺度看，虚空内部充满了剧烈的运动、能量以及粒子。

参考 Laughlin，*A Different Universe*，P47.

7.2　波和量子不确定性

　　所有的量子力学都源于一个自然的基本性质：不能在随意精度下同时测量一个粒子的位置和动量。如果百分百确定了其位置，那么就会对其动量一无所知，反之亦然。通常会有一个折中。如果一个粒子的位置可以确定在某点周围半径 r 范围内，那么它的动量至少有一个不确定度 p，满足

$$p \times r \sim \bar{h}$$

其中 $\bar{h}$ 是一个自然常数，一般称为"普朗克常量"（实际上还要除以 2π）。这个值❶非常小，所以在宏观条件下可以忽略，但是对于原子和组成原子的更底层粒子来说，它就起到了关键的控制作用。

　　对于时间和能量，也有相似的不确定性（上一段中我说"一个"自然的基本性质，因为在时空中，这种空间 & 动量的量子跷跷板和时间 & 能量相互匹配）。这意味着在非常短的时间尺度上，可以"违背"能量守恒。这里的"违背"加了引号，原因是人们不能探测到它；究其根源在于，已知时间后，人们不能精确测定能量。粒子

除以 2π 之后称为"约化普朗克常量"，用 $\bar{h}$ 表示，发音是"h-bar"，值为 $1.05 \times 10^{-34}\ j \cdot s = 6.6 \times 10^{-22}$ MeV $\cdot$ s.

可以辐射出能量（例如以光子的形式），只要这些能量在短时间内被其他粒子再次吸收，就似乎违背了能量守恒定律。能量账户透支得越多，那么偿还就必须越早：正如你的银行账户透支得越多，银行就可能越快地催你还款；而在截止日期前还款对双方都有利。这种对于能量守恒的"貌似"违背，在粒子之间力的传递中起到了重要作用。在电磁场的量子概念下，虚拟的光子是一种量子包或者光"粒子"，它穿过时空并在遥远物质之间进行力的传递。

请注意我是如何在这里将"光子"过渡为光的"粒子"的。光不是一种波吗？这种波粒二象性，根源可以追溯到牛顿。从光线的表现上看，它似乎是由粒子束组成：沿直线传播，能形成清晰的影子，在不同介质的交点会发生折射（比如空气和玻璃），符合经典几何光学原则。但是光也有明显的波动特性：影子的边缘实际上会产生模糊现象；当穿过几个小孔后，会互相影响从而产生明暗相间的干涉条纹。在某种特定情况下，两束重叠的光会出现消光现象，如果认为光是一种波，这种现象就很容易理解：当两个波峰相匹配时，就会形成一个更大的峰使得亮度加强，但是当波峰和波谷匹配时，两个波都会消失，出现消光现象从而形成黑暗。

1900 年，马克斯·普朗克（Max Planck）发现光会以一种微观的能量"包"或者"量子"的形式发射，他称之为光子。1905 年，爱因斯坦证实当光在空间中穿行时，会保持这种包的状态。在他的能量量子理论基础上，普朗克提出了著名的普朗克常量，简写为符号 h [而 $h/（2\pi）$被表示为 $\hbar$]。这就是量子理论的开端，而它的第一个成果就是成功解释了原子为何能够存活。

氢原子内部有一个电子，这个电子表面上绕着中心质子以光速的 1/137 旋转。以 1 000 千米每秒的速度沿 10^{-9} 米的轨道旋转，意味着每秒旋转一千万亿圈。根据麦克斯韦理论，这时电子会极容易放射出电磁辐射，以至于当原子形成的瞬间，电子应该会立即按螺旋轨道靠近原子核并最终合为一体变成一束闪光。那么原子是如何得以存在的呢？很快人们发现，辐射能是量子化的，由此尼尔斯·玻尔（Neils Bohr）假设原子内部的电子能量也是量子化的：它们只能具有某些特定的能量。电子会被约束在这些特定的能量级中，因此不能辐射出连续的能量，所以也不会平滑地向原子核旋进。取而代之，电子只能从一个能级跃迁到另一个能级，并同时释放或吸收能量以保持总能量值不变（在大的时间尺度上能量守恒）。一旦电子到达了最低的能级，就没有更低的能级可以去跃迁了，所以它们就会保留在这个能级上，最终形成一个稳定的原子。也许你已经开始怀疑这只是信口雌黄：原子稳定因为它本身就是稳定的而已。但是，如果我们从波动性的角度来看，可能就会知道原因了。

玻尔假设普朗克常量 h 决定了原子周围电子的能量级。从现代科学来看，光和电子都有波动性，波长和动量之间

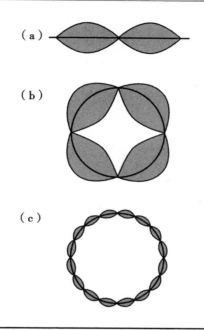

（a）

（b）

（c）

图 7.1　玻尔原子模型中的电子波

可以通过普朗克常量 h 联系起来。将这个理论应用到氢原子：它是最简单的原子，其外围只有一个电子。当其中的电子波路径不"匹配"时，就会发生抵消而被破坏。

图 7.1 对这种情况进行了解释。在（a）图中，用波的形式表示出一个移动的电子。现在，想象一个完整的波长弯曲形成一个圆圈。当波和圆圈精确匹配时，就会形成符合条件的第一种轨道；而当波不按这种情况匹配时，它

无限的海洋

就会消失。两个波长形成的圆圈如图（b）所示，这是第二种玻尔轨道，相比第一种轨道，它的能量更高，而更高的能量必然有更多的波长，从而匹配形成了图（c）这种圆周。这种简单的描述和我们已知的各种原子特性非常吻合。

当电子停留在一个轨道上时，不会辐射出能量，但是当它从高能级跃迁到低能级时就会辐射能量。玻尔假设这些辐射能都转换成了光，然后计算对应的波长，结果发现其与氢原子的复杂光谱完全吻合。爱因斯坦后来又将普朗克的量子理论成功地运用到了光子的辐射问题上。普朗克量子理论以及玻尔的重大发现，对于当今的科学影响深远。

其中一个重要的影响就是，量子理论认为所有的物质都具有波粒二象性：我们通常认为电子是一种粒子，但事实上它是"电子场"的一个量子包，具有波动特性。也许这听起来不可思议，但确实如此；根据电子的波动性，人们才发明了电子显微镜。

这些波是什么？怎么才能和之前的测不准原理联系起来？这些问题从量子理论出现开始，就一直困扰着科学家们。爱因斯坦和玻尔代表着两派，长期就量子理论的含义争论不休，所以我个人对此也不敢妄下结论。这里我只想将它们罗列出来；如果你倾向于其他的观点，那么请你继续，因为现在还没有一种共识，也没有一种"正式"的解释。

在最单纯的情况下，我们只需要接受测不准原理以及相应的推论即可。但是，如果我们能够在脑海中形成一个模型，其具有上述理论中的所有性质，那就更好了。我们就可以通过直觉对其特征和含义进行推广。位置和动量的测不准和我们熟悉的一种情况非常类似。首先，画很多的点形成一个固定波长的波形；接着，我们将位置等同于波形上的一个固定的点的坐标，而动量等同于波长；这就和测不准原理的工作方式很类似了。根据量子力学，动量越大波长越短。假设我们知道准确的位置，那么我们就只能画一个单独的点，而不可能知道波长是多少；波长可能是任意的。如果我们画了波形初期的几个点，那么就可以初步判断波长是短还是长，而只有画完一整个波长，才能知道波长的准确值。但是，当我们确定了波长后，位置确定的最高精度也不可能高于波长长度了❶。

可能你会发现，在定义波的位置的时候有些矛盾；只有当测定完了整个波长之后，才能确定一个波。如果这个矛盾让某人突然开窍，开始接受存在一个熟悉的概念，即位置和另外一个值不可能同时被准确地定义，那么这个人一定会开始感激量子世界的自然馈赠。由于波具有这些特性，

数学上称之为傅立叶分析——对所有曲线的一种再现，甚至是陡峭的凸起曲线。它将曲线表示成不同波长的波的重叠。在一个精确位置上的，突然凸起的狭小曲线，就等于所有波长的波无限叠加形成的一个总和。

因此人们在对思维模型进行构建时需要非常小心。然而在我看来，他们还仅仅停留在思维模型的程度上。

7.3 沸腾的真空

请想象一个真空的区域，比如将外太空中的一立方米空间内的氢以及其他粒子都移除，其中就真的没有能量和物质了吗？从量子宇宙的角度来看，答案是否定的。

如果空间内没有粒子，就无法知道运动和能量的信息。你也许可以将所有的物质移除，但是量子测不准原理表明还会存在能量：能量也不可能为 0。如果你坚持认为虚空存在，其中不含有任何物质和能量，那就违背了测不准原理。存在一个最小的值，称为零点能量，但这也是所能达到的极限了。要达到这种状态，可以考虑的只有少数原子的不稳定态。

只有当粒子的位置未知时，才能确定粒子的准确速度。这意味着如果用一条原子的线将一个小分子团吊起来并做钟摆运动，分子团最终不会在竖直方向上停下来，即这个分子球不会在最低位置保持静止，而这个最低位置就是我们所说的"零点"。相反，量子测不准原理表明它必须在这个位置周围轻轻地晃动。这个现象称为零点摆动。

由于摆动会受到重力作用，当分子团距零点越高时，它的重力势能就越大。当摆动到最高点，宏观摆动的势能

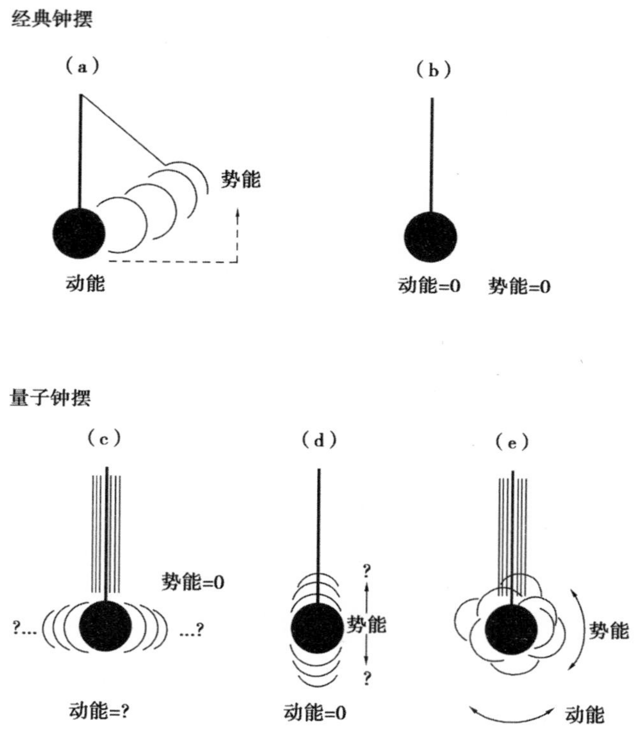

经典钟摆

（a）

势能

动能

（b）

动能=0　　势能=0

量子钟摆

（c）

势能=0

?...　...?

动能=?

（d）

?

势能

?

动能=0

（e）

势能

动能

图 7.2

（a）钟摆起点处于静止的高点：其势能较大，动能为零。在重力作用下，它开始下摆；在最低点时没有势能，而动能最大。在摆动的过程中，动能＋势能的总和保持不变。（b）经典钟摆可以保持静止下垂。此时动能和势能都为零，因而总能量为零。（c）对于量子钟摆而言，动能和势能不能同时为零。将它悬在最低点，此时势能等于零，但运动状态不可测，所以动能也就无法得知，这就是"零点运动"。（d）又或者，如果钟摆静止，动能为零，那么它的位置就不可测，势能无法得知。（e）存在一个动能＋势能的最小可能值，称为零点能量。

无限的海洋

也达到最大，此时动能为零；相反，当到达最低点时，势能为零，动能最大。当这个摆动发生在"纳观"尺度时，事情就变得更加微妙了。此时，如果我们将这个摆球限制在高度零点，此时势能最小，它的运动状态和后端动能就变得不可测量了。相反，使摆球处于静止状态，此时动能最小，而相对零点的高度变得不可测量。量子力学认为，只能达到一个最小的动能和势能和，而动能和势能不能同时都为零。这个最小值就是原子集合的零点能量。

　　对于一个宏观的钟摆来说，比如古董表，这种零点能量太小，可以忽略。但是，对于几个原子构成的原子簇以及分子团，这个最小能量就和粒子团本身的能量相当了。零点能就会影响运动状态，比如影响分子中的原子运动，或者大分子簇中单独分子的运动。因此，物质中的分子运动会随着温度升高而加快，温度越高运动越剧烈。量子理论认为，即使到达绝对零度[1]，其中仍然存在一个固有的零点能量。这意味着，绝对零度这种使得一切都被冻结在固定位置上而不存在动量和能量的理想状

绝对零度是 -273 ℃，也称为 0 K，即 0 开尔文。

态，是不可能达到的。

这个理论的一个重要之处在于，它表明当没有物质时，也存在一个有限尺寸的空间。导致的最终结论是，即使将一个有限空间内的所有物质移除，其中也会充满能量。这个有限空间无论多大，都必须服从于能量的涨落。在宏观体积上，这个影响很小，可以忽略；但是，对于微小空间而言，这个能量的涨落就很大了。

光有波动性，因此两束光可以抵消变为 0。那么同样 0 也可以变为两个反平衡的物质。虚空中也许整体看来没有电磁场，但是由零点现象驱动的涨落却一直存在，导致不可能存在真正一无所有的空间。在现代科学观中，真空实际上是一种能量最小的状态；在这种状态下，不能再移除任何能量了。用科学术语来说，这种真空状态称为"基态"。而自然界中的物质都处于激发态，其能量密度相当于一个、两个甚至数十亿个物质粒子或者射线。要想移除这些真实存在的粒子，就必须达到基态，但此时量子涨落仍然存在。量子真空就像一种媒介，从中我们可以知晓宏观聚集系统的基态，在第 8 章中，我们会看到更多量子真空的神奇性质。

首先，我们需要确定零点能量真实存在，而不仅仅是一些数学假设。1948 年，亨德里克·卡西米（Hendrik Casimir）为这个存在给出了一个物理上的结果，这个结果经过多年的尝试后在 1996 年被实验所证实。

虚空是一个零点波形成的量子海洋，其波长覆盖所有范围，从原子尺度一直到宇宙大小。现在，将两块略微分开的平行金属板放入真空中，它们之间会产生一个微小的吸引力。当然，它们之间会相互产生万有引力，但是相比"卡西米效应"而言是微不足道的。当金属板放入真空，就扰乱了真空中的波动，从而产生了"卡西米效应"。

金属可以导电，而这会对虚空内零点能量的电磁波产生影响。量子理论认为，在两块金属板之间，只有那些具有精确整数波长的波才能存在。例如，小提琴能奏出美妙的音色和各种和声，是因为琴弦在两个固定端之间发生振动；同样，只有当波长与金属板之间的缝隙"协调"时，才能发生"振动"，而在两块金属板之外所有波长的波都可以存在。因此，在两块金属板之间，有一些波就"丢失"了，这意味着金属板之间的压强比外部要小，从而导致一个总体的向内的压力。量子力学对这个力的大小进行了预言。由于其是一个量子效应，所以它的值正比于普朗克常量 h 和电磁波速度 c，但与金属板之间距离 d 的 4 次方成反比。因此，当金属板间距 d 很大时，这种力就会消失；而在我们提及的无限虚空内，物质可以认为是无限远离的，所以不存在这种力的效应。相反，当两块板靠近时，这个力会增大；在这种情况下我们可以对这个力进行测量，确定它的值以及随距离的变化关系。

那么，我们已经测定了这个力，确认了其效应，并建立起了虚空内的零点能量概念。卡西米效应表明，虽然零点能量不可知，但零点能量的变化却是一个真实可测的值。零点能量的值事实上是无限大的，而一些对于这个理论的曲解导致了一些荒谬观点，比如《无限能量》（*Infinite Energy*）（原文如此）杂志中认为零点能是一切力量的源泉，多年来一直被科学界所忽视，直到冷聚变的研究者们发现了它，诸如此类。事实上，零点能量并非如此。它是一个系统或者真空能够达到的最小能量。

在真空中，电磁场会不断地发生零点移动。真空的零点能量不能提取，也不能用作能源；这已经是真空的最低能状态了。但是，当粒子穿过真空时，会感受到其中的零点移动效应。

当感觉到真空电磁场的零点移动时，飞行中的电子会发生轻微的摆动。想看到这种摆动，首先需要一些可测量的参照物，而禁锢在氢原子内部的电子足以说明真空绝对不是空无一物的。氢原子中的电子运动速度约为光速的百分之一。在氢原子光谱中可以知道，电子在不同的原子轨道间跃迁时发生的能量变化。而光谱线上光的能量，就对应着原子不同能级间的能量差。

第二次世界大战期间，军方研究出了雷达技术，这项技术在战后被科学家用于测量电子跃迁产生的光谱的能量，相对精度高达百万分之一。这直接导致了"兰姆移位"的发现：1947年，威利斯·兰姆（Willis Lamb）第一次发现了这种移位，并用自己的名字予以命名。量子力学认为，

无限的海洋

如果真空内空无一物，就会发生一种略微的移位，这就是后来测到的"兰姆移位"。在理论计算时，人们考虑了翻腾的量子真空中的涨落之后，计算得到的移位与实验结果完全相同。

量子力学在对次原子尺度上的现象进行描述的时候，是忽略了万有引力作用的。迄今为止，没有人成功地将20世纪伟大的两个物理支柱——量子力学和广义相对论——融合在一起以达到数学上的一致以及得到实验物理上的统一理论。事实上，科学家们通常会回避这个问题，认为这两种理论只适用于各自的领域。但是在宇宙大爆炸发生的最初的 10^{-43} 秒，宇宙如此之小，而万有引力完全包裹在一起，这时就需要量子引力理论来解释了。如何构建量子引力理论，至今仍是数理物理学界的一个主要的难题。但是，这个理论的一些深奥含义却能帮助我们解答一些棘手的问题。比如，我们总觉得空间和时间维度有些不同，至少我们穿过它们或者收取和处理信息的能力上就有差异。假设我们宏观感知到这种细微的差异真实存在，而对自然现象的描述也下探到了超过原子量级，那么当初期宇宙还只有约 10^{-35} 米这种尺度的时候，量子引力理论认为时间和空间是完全纠缠在一起的。在量子引力中，空间和时间必须在某种程度上"相同"。

在时间和空间中，运动、动量、能量和位置都是相互配对的测不准量，这表明，基于量子引力理论，在时间和空间的自身构造中时刻发生着起伏涨落。如果我们试图测量一段很短的距离，这个距离与质子尺度之比等于质子与人体尺度之比，或者试图记录一段时间，长度约 10^{-43} 秒，此时我们就会发现牛顿模型已经浓缩成了一种时空泡沫。我无法想象这会是什么东西，但是科幻小说作家们却很爱写这种故事。

当今科学界存在一个共识，即我们所知的一切都来源于量子真空，甚至时间和空间模型也不例外。正如我们即将看到的，沸腾的真空可以有一些高深的含义，可以帮助我们理解如何从虚空中创造出物质。

7.4 无限的海洋

物质具有稳定性，而门捷列夫的元素周期表中具有周期规律性。这些性质归根结底都源于电子服从一个基本的量子力学准则——不相容原理：任何集合内的两个电子，都不能同时占据相同的量子能级。保罗·狄拉克（Paul Dirac）第一个认识到量子理论意味着电子也可以带正电，形成所谓的"反"电子，即现在的正电子。由此，他利用不相容原理构造了一个真空模型，其中会自然而然地产生正电子这种奇葩的存在。他认为，真空绝非空无一物：对狄拉克而言，真空中布满了无限多的电子，其中单个电子的能量覆盖了所有的值——从负无穷到某个最大值。这种深厚而平静的海洋无处不在，但只能通过扰动它才能发现它的存在。我们将这种常态称为基态，这是我们的基本级，相对这个基本级我们才定义了所有的能量：狄拉克的"海平面"定义了能量的零值。

$E=mc^2$ 是爱因斯坦著名的质能方程，转换一下可以写成 $m=E/c^2$，这表明能量可以转化成质量。电子和正电子是一对反物质，拥有相同的 mc^2 和等量反向的电荷。所以一个能量 E 如果转换成 $2mc^2$，那么就可以产生一个正电子和一个负电子。真空内的能量涨落可以自发地转化成正电子和负电子，但是受限于测不准原理，这种转换仅能维持 $\hbar/2mc^2$ 的时间，约 10^{-21} 秒。在这么短的时间内，光也只能跑约千分之一个氢原子半径这么长的距离。如此"虚幻"的粒子是没法看到的，只能导致这些涨落的总计能量守恒发生一点偏移。但是，通过精密的实验，可以测到一些证据，证明真空中充满了这种虚幻的粒子。

当然它的周围还有其他多种带电粒子以及对应反粒子；粒子越重，涨落越小，而正电子和负电子的质量最轻，所以效果最明显。❶

像电子或者离子这种带电粒子，四周都围绕着一团由负电子和正电子构成的虚拟云 ❶。这些云会产生很多效应，其中一种会使两个带电物质之间的电动力发生改变。如果我们有更好的显微镜，就能更敏感地察觉到真空中这些虚拟云的效应。当正负电子对在千分之一个原子半径上与虚拟存在体之间若即若离的时候，会对氢原子中的质子和电子间作用力产生影响。这些影响会改变力的逆平方法则，也会影响粒子的磁性——比如电子的磁性本来可以精确计算到误差小于千亿分之一。

在狄拉克的描述中，真空是一个充满电子、无限深邃的海洋；如果海洋中的一个电子丢失了，就会产生一个空洞。带负电的电子的能量低于海平面；如果这种电子缺失了，就会产生一个带正电的粒子，即所谓的正电子。之前描述的零点能量现象，会导致这个海平面的涨落，进而瞬间将电子移走留下一个空洞，形成一个虚拟的正 - 负电子对。

要看到这种虚拟的涨落，一个办法就是向原子中注入能量。如果用一个能量超过 $2mc^2$ 的光子照射原子，很有可能将原子电离。但是也有另一种可能，当光子射入时在原子内电场中冒出一对虚拟的正 - 负电子。在这种情况下，光子会将电子对驱逐出原子，使得原子内部保持稳定。这种现象被称为"电子对效应"，可以使用气泡室对其成像，形成如图 7.3 所示的漂亮的艺术图形。从此，这两个虚拟的粒子变成了现实。

对于狄拉克而言，这些反粒子都是真空无限海洋中的空洞。这种描述有效地避免了悖论的发生。如果真空真的

图 7.3 电子对效应

空无一物，那么自然的规律由谁来制定，而物质的性质又由谁来掌控？比如，所有产生于"真空以外"的负电子和正电子都有相同的性质，拥有特定的质量，而不是随心所欲地随机产生。质子、夸克以及其他类似的粒子，也符合这个排斥原则，同样弥漫在这个无限深邃的海洋当中。正

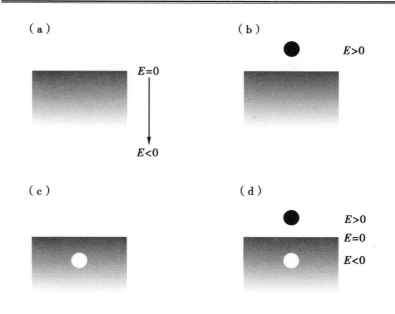

图 7.4　生产可能线

（a）真空中充满了一个无限深邃的能量海洋，其中能量级从负无穷到一个正的最大值。我们将这种最低能量状态定义为零点。（b）正能量状态，例如：相对真空带正能量的电子。（c）真空中的空洞。负能量状态以及负电荷的缺失，会导致出现一种貌似的正能量状态以及正电荷。这就是狄拉克所描述的电子的反粒子：正电子。（d）负能量状态缺失，正能量状态取而代之。这可以是一个正能量电子，而这个"空洞"感觉起来就是一个正能量的正电子。要产生这种构型，首先要向真空中注入能量。这个能量可以来自光子，当光子入射后，会转换成一个正电子和一个负电子。图 7.3 给出的照片[❶]，显示的就是关于这个过程的真实实验结果。

更多的关于配对产物以及其他量子效应的例子，请参见 F.Close，M.Marten and C.Sutton，*The Particle Odyssey*，Oxford University，2002。关于这些构型如何而来，请参见 Frank Close，*Particle Physics:A Very Short Introduction*，Oxford University，2004.

无 限 的 海 洋

是这个无限深邃的狄拉克海洋，提供给了我们可以具体化的各种粒子。

在这种解释下，真空就变成了一种媒介。它和"真实"媒介中发生的各种现象之间有一种说不清道不明的联系。比如，在固体和液体中，大量的原子或粒子将自身构造成不同的"相"。因此量子真空就像一种多物体系统，其中的构型就处于最低可能能量下，即所谓的"基态"。在下一章中，我们将对此作更多的介绍。其中的含义十分深奥，甚至有一种可能，在宇宙的漫长历史中真空的性质并不是一成不变的。而且还导致了一种有趣的可能性：可以向真空中"添加"某些物质，从而导致真空能量变低。在这种情况下，就制造出了一个新的真空状态；之前真空中的能量比真实的基态更高，所以被称为"伪"真空。从"伪"真空到新真空的这种转变就称为相变。理论学家推测，在宇宙产生初期，温度超过一千万亿度时（见第 8 章），就会发生上述转变。同样的，高能物理实验有望很快给出这个答案。

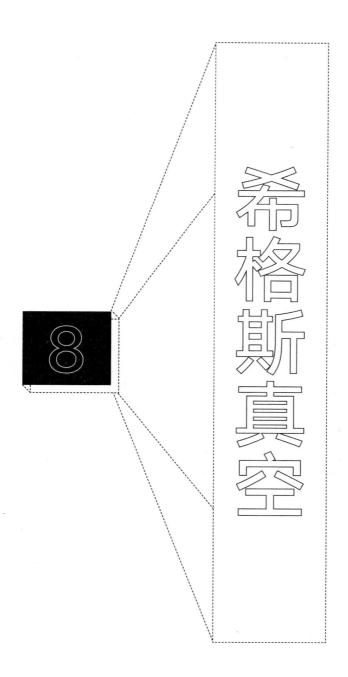

8

希格斯真空

8.1　相和组织

在第 6 章中我们提到了组织的概念，组织中包含大量的原子或分子，具有单独原子或分子不具有的某些性质。而由于量子虚空中充满了粒子，所以其中粒子的不同组织形式也会导致虚空出现一些我们无法预期的性质。现实中有很多熟悉的关于组织的例子，这些例子给了科学家们灵感，从而产生了各种现代的关于真空性质的观点。在这一章的开头，我们先看看其中的一些观点。

如果有一种物理现象，当各个部分组织在一起时会发生，而各个部分单独存在时却不发生，那么我们就会难以解释了。就像我们观察艺术作品一样，莫奈或者雷诺阿这种印象派大师的作品，单独看每一笔只是一些随机的形状和颜色，但是当我们从远处看时，这些凌乱的笔画就变得规整起来，组织成了一幅完美的风景或者花卉作品。画笔描绘出来的每一笔都显得平淡无奇，而正是这种单独的平淡无奇最终组成了一幅完美的作品。类似地，单独的原子"笔画"可以形成一个大的组织，这个大组织具有单独原子或者小规模原子团不具有的很多性质。对于光子或电子而言，相互之间的性质是一样的，而单独状态下只能通过电吸引来互相引诱并最终形成原子；原子中的电荷使得原子可以聚集，形成分子；足够多的分子聚集在一起之后就可能具有自我意识——比如人类，也比如正坐在这里读书的你。

在超低温状态下，某些金属会对磁场产生排斥，这些金属就是我们所谓的超导体；但是超导体金属内部的单独原子并没有这种排斥的能力。另一个常见的例子是水——水的分子式是 H_2O，而它的固态、液态、气态相分别对应着冰、水、水蒸气。我们理所当然地认为，一万米高空的飞机上的固体地板不会突然丧失刚度，使我们从云端中摔下来。爱斯基摩人同样相信脚下的坚固冰层不会丧失刚度从而使他们跌进冰海之中，但实际上一点点温度升高都会导致冰块融化。

但是即使冰层这么脆弱，我们还是将生命安全托付给了这些单独分子构成的组织。在结晶固体中，原子高度规则地排列而成的晶格赋予了晶体刚性以及某些令人欣喜若狂的美艳：碳原子可以组成钻石，也可能组成煤灰。在固体中，单独的原子相互之间的位置是固定的，而加热会导致原子发生轻微的摆动从而发生轻微的移位。尽管如此，相邻的原子也会感觉到这种摆动，这种位置的偏差不会积累，整个固体看起来也依然是完美的、固态的。而在液体中，这种摆动就会非常剧烈，从而导致原子冲破序列四处奔散。

在某些材料中，这种变化发生得极其迅猛：对于冰而言，0℃上下可谓冰火两重天。而对于其他材料，比如玻璃，就没有办法明确地界定它是固体还是高黏度的液体。氦在室温下是气体，而当冷却时会变成液体，但是无论你再怎么冷却它都不会变成固体。尽管如此，给氦加上一定的高压后它就会结晶。

以上的这些例子说明，内部粒子的不同组织方式会造成不同的物相。而当物相发生改变时，比如0℃上下的水和冰相互转化，粒子集合就会发生重组，导致出现一些有趣的现象。介质的温度实际上是它能量的一个标志，特别是来自内部成分的动能的那些能量。温度越高，内部粒子的随机移动就越剧烈。在0℃以下时，水分子倾向于互相锁扣住，其中的原子链会形成规律的结晶，最终形成一种六角形的不规则几何形状，这就是寒冬时节窗上的冰花。在这种低温下，分子的运动微乎其微，所以它们之间的碰撞没有足够的能量来打破禁锢。然而，如果温度高于0℃，能量就会变得更高，碰撞开始变得非常剧烈，冰晶体只能土崩瓦解。如果在你的热饮里扔进一块冰，饮料中的高温液体分子会激烈冲击冰里的分子，导致它们相互分离并最终融入饮料中。

如果温度刚好为 0 ℃，一杯冰水混合物会慢慢变成冰，因为这种物相下的分子能量比液态能量更低。当分子固化时，多余能量会以热量的形式释放（这被称作潜伏热）。这种热量非常小，但是我们可以做一个思想实验：想象一下，如果这个量非常大，甚至超过了分子构成冰和"反"冰所需的能量，会发生什么事情？如果自然界有如此规律，那么随着温度降到 0 ℃以下，雪花和反雪花会自发地出现，似乎凭空而来。

如果这样，那么一个有趣的问题就来了。在 0 ℃以上时，我们从任何角度看水分子的基态都是相同的，我们称之为旋转对称。但是一片单独的雪花并不是这样的。雪花拥有美丽的形状，是一个六边对称形，所以当旋转 60° 的整数倍时，它看起来和之前一样；但是如果旋转其他角度，你就会发现它和之前不同了。雪花的一个角可能指向 12 点钟方向，意味着其他几个角必须在 2、4、6、8、10 点钟方向；如果这个角换到 1 点钟方向，那么其他 5 个角也要相应地增加一个时钟点。当成千上万的雪花形成时，它们的转向就是随机的，所以最终看起来这充满雪花的基态也是各向同性的。但是点对点地看，这种对称就会被打破：一片雪花在这里指向一个方向，在那里又指向另一个方向。

图 8.1 雪花的六边对称性

　　还有另外一个例子可以帮助我们理解真空，那就是磁现象。磁现象是由电子自旋造成的，其中每个电子都像一个微小的磁体。在铁原子中，邻近的电子趋向于按相同方向自旋，因为这样可以使得它们的能量减到最小；而要将整个群的能量减到最小，就必须使所有的电子按相同方向自旋，这最终导致金属出现了一个整体的南北极磁性轴。这就是一种最低能量状态，即基态。尽管如此，当温度高于 900 ℃时，热量提供的能量就会将自旋的电子从邻近电子的束缚中解放出来；此时，每个微小磁体指向的方向就变成随机的了，而整体的磁性就会消失。所以，在不同的温度下，铁会表现出磁性物相和非磁性物相。

如果这种系统中生活着一群虚拟的人类，那么他们会将这种最低能态看作是背景基准。他们在这些组织系统中直观感觉到的每件事，都和我们现在对于真空的感觉如出一辙。我们的量子真空像一个媒介，从来没有真正空无一物。它同样可以组织成不同的相，并且在两个相之间转换的时候也会出现很多有趣的性质和现象。科学家们相信，它很有可能影响了宇宙早期的时空性质。

现在按照我们新的理解来反观远古的哲学家们的经典问题：自然界是否容忍真空的存在。答案是：这要看你从什么角度说。可以说"否"，因为虚空内部实际上是充满了一个无限深邃的粒子和量子涨落构成的海洋；也可以说"是，有很多种不同的真空"，因为量子真空会组织成不同种类的媒介。当今的物理学界倾向于后一种角度。接下来我们会更深入一点，看看当量子真空从一个组织状态转换到另一个组织状态时，相关的模式和构型会如何出现。

8.2　相变和真空

在很多物理系统中，构成它们的力并不具有基本对称性。电磁力不分左右，但是生物分子不一样，也许原始分子是有益的，甚至可以作为食物，但是它的镜像分子就会变得没有益处，甚至可能是有害的[●]。

诸多奇异的左右对称描述可以参看 Close 的 *Lucifer' s Legacy* 和 C.McManus 的 *Right Hand*, *Left Hand*（Weidenfeld and Nicolson，2002）。

假设现在有一支铅笔，它的制造工艺登峰造极以至于是一个完美的圆柱体。将它笔尖向下立在桌上，无论如何转动，看起来都一样。当旋转后仍然对称时，我们称之为旋转对称。但是这种竖立的状态是一种亚稳定状态，一旦轻微偏离竖直方向，重力就会将铅笔拉倒。重力也是旋转对称的，意味着当铅笔倒向地面时，各个方向的概率都是相同的。重复一千次这个实验，最后的统计结果会出现各方向相同，这就是因为旋转对称。然而，在单独的一次实验中，你无法预期铅笔会倒向哪个方向；倒下之后，也许指向北方，此时"基态"就已经打破了旋转对称。另一个例子是轮盘赌。如果玩的时间足够长，那么所有的号码都会按几乎相同的概率胜出；这保证庄家不会赔钱，而赌徒也不会输钱的。但是在每一次单独的赌局里，你没法预测球会掉落在哪个号码中，这就是赌博的乐趣所在。

在铅笔的例子中，笔尖立在桌上的对称状态很不稳定，而打破对称之后就稳定得多了。一般而言，支配一个系统的法则都有一些对称性，但是如果存在一个更加稳定的状态会破坏这种对称性，那么这种对称性会"自发崩溃"或者"隐藏"起来。之前的雪花和水的例子，以及铁磁性的例子，都是这个道理。

当然你也可能死不认账，争辩说这并不真的是对称性的失败，只是因为立铅笔的人没有精确地将铅笔立在平衡的位置："铅笔倒下，是因为它没有完全的竖直"。这种说法没有问题，但是假设它已经在一个完美设计的点上处于平衡了。即使如此，笔尖上的原子也在随机运动，因为温度、热量都会体现成它们的动能。这种随机性意味着倒下的方向也是随机的。对此你必须表示同意，但是可能会建议我们在绝对零度（–273℃）时，做这个实验，此时动能趋于消失了。你的这种思维实验中，假设笔尖是由完美的球形分子加工而成，而最顶端的那个分子被冻结在固定位置上，处于绝对零度因而没有热运动。接下来量子定律就要发威了。如果运动消失，那么就无法确定位置而平衡点本身就变得随机了。如果在某个时刻准确知道了平衡点的位置，那么运动状态就不可知，这也会导致非平衡变得

希格斯真空

无法预测。由此可见，自然界的量子构造使得高能亚稳性能够选择一种低能的状态，其中对称性会自发崩溃。所以冰的融化，以及加热磁性金属，都会导致回到对称状态，但是当重新冷却变得可能时，平衡又会再次被打破，形成的新状态完全与之前的状态无关。

得到的规律是：当温度升高，会引起构造和复杂度融化，形成一个"更简单"的系统。水是那么平淡无奇，而冰晶却璀璨无比。

我们今天的宇宙已经很冷了；各种力以及物质的模式都已经被结构性地冻结，形成了真空的构造。我们已经无法感受宇宙大爆炸引起的极端高温，但是如果我们能对所有的物质加温，现有的模式和结构都会消失。门捷列夫的元素周期表中给出的原子及其模式，只符合 10 000 ℃以下的情况；到 10 000 ℃以上时，原子会电离形成电子和核粒子组成的等离子体，就像太阳内部一样。如果温度继续升高，《标准模型》中关于粒子以及力的神圣模式都会在这种高温下荡然无存（现有的标准模型认为，电子是由轻子构成的，而轻子由夸克和不同的力构成）。当能量到达 100 GeV 以上时，通常温度会超过 10^{15} ℃，此时电磁力以及控制 β 放射性的微小力会融化成一个对称统一体。较冷环境下物质和力的理论都隐喻着当温度升高时所有的结构都会融化消失。根据理论，当宇宙"冷却"到约 10^{17} ℃时，对称性就会打破并形成一个偶然的结果，这个随机的结果被冻结住，最终形成了今天支配我们的粒子和力的模式。我们就像倒下的铅笔，也如轮盘赌中落在买定数字上的小球——我们赢钱了！但是如果球落在了别的数字上，比如电子的质量更大，或者微弱力更微弱，那么我们就不会得到上帝的眷顾，现有的生命也将消失。

到这里，其实我们转了一大圈又回到了最初的问题上。如果对称自发崩溃时，宇宙形成的是其他的一些性质和力，那么人类就不会产生，我们也不会在这里思考这些问题了。这导致了一种激进的观点，即认为可能存在很多真空以及多种多样的宇宙，只是我们恰恰生活在其中的一种里面而已。

其中的一个例子是磁性金属：加热之后会破坏磁性，冷却后磁性又会恢复。在金属的某些部位中，原子形成的微小磁体冻结在一起指向某个方向，而在另一些部位上原子磁体又指向另一个方向。这个现象称为"磁区域"。这会是宇宙的一个缩小的模型吗？理论学家已经建立起了若干宇宙大爆炸的数学模型，这些模型首先必须与我们已经了解的宇宙知识相吻合，其次也必须能展现宇宙产生之初高温时期中的"真实"对称。但似乎都存在一种一般特性，即这些模型中，当最初的对称状态的温度降低时，产生的可能结果会形成一种"风景"。当你纵观整个风景的时候，如果做一个平均，还是最初的对称状态：就像倒下的铅笔会指向各个方向，各种可能的质量和力最终平均下来也会和最初的对称相一致。我们周围甚至十亿光年半径的范围内都是正确的东西，在其他某个地方却有可能不同。

8.3　改变真空中的力

真空中存在剧烈的活动，它会干扰穿过的电子，因而也会干扰带电粒子之间的作用力。当电场均匀地向三维空间内扩散时，电场力的逆平方定律可以描绘其基本性质。但是更精细的实验发现，真实的情况和定律的描述之间存在一个极其微小的偏差。如果以光速的百分之一运动，就能测到相对论效应。时间 - 空间的拉伸与交织，扭曲了简单的逆平方特性，导致当两个电荷相互靠近时，力增大的速度会比逆平方法则稍微加快一点。我们最熟悉的比如磁性等，都是相对论效应的直接体现。当两个电荷靠得更近一点，距离甚至小于原子尺度时，量子真空对力的扭曲就更加厉害了。

就像我们之前提到的一样，物体之间的力是通过携带能量和动量的粒子来传递的。对于电磁力而言，光子扮演了传递粒子的角色。如果光子在两个带电粒子之间传递的过程中不被干扰，力的逆平方法则就适用；但是，如果量子真空干扰了光子的飞行，以至于光子在途中波动生成了一对虚拟正负电子，那么力的强度就会发生轻微改变。实际上，正负电子对所带正负电荷的行为很像裸露电荷周围的包层，产生力的作用。在 CERN 中进行的实验证实，当两个电荷相互靠近，距离约氢原子半径的亿分之几——甚至不足氢原子核半径的 1/1 000，此时电磁力就会发生 10% 的增大。计算结果发现，如果距离继续靠近，力还会加速增大；当然现有的实验条件还不允许我们对此进行验证。现代的理论认为，"真实"的电磁力强度也许是我们宏观测量结果的 3 倍。当静电力帮助梳子吸附起几毫米外的纸张时，又或者当质子在原子尺度上捕获一个电子时，它们之间的力实际上已经被其间真空中潜伏的虚拟场内的电荷所影响而减小了。真实的电磁强度只有在极小的距离上才能显示出来，此时仅有最突出的涨落会发生干扰。

这个发现使得我们对于力的认识发生了戏剧性的改变。在核子内部其实还存在其他的力的作用，我们称之为弱强力，它们的名字就代表着它们相对于电磁力的大小。强力主要负责将原子核内带正电的组分——质子紧紧地凝聚在一起，以防止质子之间的电排斥力（"同性相斥"）将它们分开。而在质子和中子自身的内部，强力将夸克禁锢住。弱力的一种表现是 β 放射性，此时一种元素的原子核会变成另一种元素的原子核。正如电磁力靠光子传递，夸克之间的强力是靠胶子传递的，而弱力的传递依赖于带正电的 W 玻色子或电中性的 Z 玻色子。这些粒子都会受到真空的干扰，只是方式不同。例如，胶子不会受电子、正电子以及光子的影响，但是当穿过夸克和反夸克组成的云团时，它就会被干扰，甚至它还会受到量子真空中潜伏的其他胶子的干扰。相比之下，W 玻色子和 Z 玻色子都会受到带电粒子的干扰，也会受到两种几乎零质量的电中性粒子的干扰，即中微子和反中微子。

计算表明，真空的屏蔽效应在极短的距离上会消失，使得电磁力的强度增加。此时，胶子对于真空的不同响应会在类似的环境下减弱"强"力的强度。实验已经证实了这一点。凝聚原子核的这种强大的束缚力可以使得原子核保持稳定，它来源于真空在 10^{-15} 米距离上对于胶子的凝聚力。质子、中子以及所有大物质的质量，实际上都源于胶子真空在核尺度下的活动。这十分难以置信，但是又确切无疑。在理论计算时，假设量子真空起到了决定性作用，而最终的计算结果与实验完全匹配，无可置疑。不仅如此，匹配的结果还得到了一条诱人的线索：如果不是真空的作用，所有这些力的强度有可能会完全相同。如果这是真的，那就意味着自然界的力存在一个神秘的起源，而宏观尺度上发生的很多不同的现象，比如我们日常生活中的林林总总，都被我们存在于的这个量子真空所支配着。

远距离的这些力和性质都极小，所以真空的干扰基本无效。如果想感受到这些干扰，需要研究极高能量粒子的碰撞。在宇宙的早期，这种碰撞司空见惯，此时粒子的动能极高，最终体现为极度高温。粒子物理的"标准模型"中包含的力和真空的理论认为：在宇宙早期，最初的真空状态有一种对称相，其中这些力展现出相同的强度并且实际上是统一的。随着宇宙冷却，相变发生了，不对称态慢慢出现并渐渐替代了对称真空状态。宇宙早期仍然统一在一起的电磁力和弱力，我们称之为电弱力；而在宇宙大爆炸发生后约 10^{-34} 秒，温度高达 10^{28} ℃，此时电弱力分解出了我们现在所谓的强力。

当宇宙温度继续降低，在约 10^{15} ℃时，电弱力又继续分解出了我们如今所知的电磁力和弱力。这个温度相对来说就低多了，在 CERN 的实验装置上已经可以达到，科学家们正对此进行细节的研究。早期的相变导致了分离的强相互作用的出现，但这种相变与对称破坏截然不同。"弱"力之所以弱，缘于它是短程力，随着距离增大而迅速减小；它减小的速度比光子快得多，因此无法像电磁力一样可以到达无限范围中去。这种近程性意味着在长距离上它的作用会减弱，尽管在靠近时其实质上与电磁力相同的本身强度会显示出来。那么为什么弱力的延伸会这么小呢？要得到答案，得回到其载体——W 玻色子和 Z 玻色子的性质上：虽然光子没有质量，但 W 玻色子和 Z 玻色子的质量却非常大，大约是质子质量的 100 倍。只有当碰撞的能量或者宇宙的温度足够高，以至于禁锢成玻色子 mc^2 的能量显得微不足道，此时这些力才能显现出来。这就将我们引到了当前科学研究的前沿领域——真空的性质，包括质量的性质以及希格斯真空。

希 格 斯 真 空

8.4 希格斯真空

弱力由于作用距离有限，因此通常比较弱小。但是存在 10^{-31} 米这种尺度，在这个尺度下力是统一的，而量子真空的不同效应也是微不足道的；相比起来，弱力的作用距离达到 10^{-18} 米，这个距离实际上已经无限大了。从能量的角度看，虽然光子没有质量，但带弱力的 W 玻色子或 Z 玻色子却有接近 100 GeV 的质量。即便如此，相比打破统一范围的有效能量尺度 10^{16} GeV 而言这个量还是很小的。但接着又出现一个问题：光子和胶子应该与 W 玻色子和 Z 玻色子有关联，但是为何光子和胶子没有质量，而 W 玻色子和 Z 玻色子却有呢？科学家们相信，这应该源于真空的性质——这个当今高能粒子物理研究的前沿领域。

这个理论由彼得·希格斯（Peter Higgs）提出，参考了菲利普·安德森（Philip Anderson）的超导相关理念。在这个理论下，光子会觉得自己似乎有质量，然后据此进行了各种活动。超导现象，顾名思义就是说当温度足够低时某些固体会丧失对电流的所有阻力。从一个绝缘体变成一个超导体，这就是相变的例子。但超导体内并不仅仅只有电流突然就自由飞翔了；还存在所谓迈斯纳效应，描述了超导体内部以及周围的磁场变化情况。磁场通常可以穿过常温固体，但是当温度降低导致这种材料变成超导体后，磁场会突然遭到排斥，只能存在于表面的一个薄层中。在固体内部，磁场只能延伸一个有限的距离x；如果我们回想一下弱力的有限范围与载体 W 的质量之间的关系，那么超导体内磁场的短延伸距离就如同它的载体粒子——光子获得了 $\hbar/xc$ 量级的质量。

要解释这种现象需要非常复杂的理论，估计写完这整本书都不一定够[1]；而我本来也不准备这么做。类似的，将其应用到弱力上，我们想让质量 M 的 W 场能够穿过物理真空中 $x=\hbar/Mc$ 的距离。用科学术语来说就是，弱力感知到的物理真空与超导体非常类似。

超导现象依赖于特殊性能物质场的存在。在一个真正的超导体中，之所以有抗磁性，是因为材料中的电子相互协同产生所谓的"屏蔽电流"。类似地，在弱力情况下，要求必须有某种物质场存在于真空中。这与我们遇到过的所有情况都截然不同。迄今为止，我们已经预言了充满虚拟场的量子真空，以及只有注入更多能量后才能被具体化的零点涨落。但此时此刻，参考"希格斯场"，我们正在预言一种在真空中真实存在的物质：相比存在希格斯

参见 I. Aitchison. *Nothing's Plenty*, Contemporary Physics, 26 (1985), 333.

场，没有希格斯场的"空"间会具有更多的能量。换句话说：向虚空中注入希格斯场，会导致整体能量下降。

这种惊人的结果在固体中也能找到类似的情况，比如之前提到的磁体。当温度高于某个值，即所谓的"居里温度"Tc，金属在没有磁性时能量最低；然而，当温度冷却到 Tc 以下，此金属会变成一个磁体。因此，在足够低的温度下，通过"增加"磁性可以降低基态或者"真空"的能量。

粒子物理中有一个特别的理论，认为希格斯场弥漫在真空中并且赋予基本粒子以质量，包括 W 玻色子、Z 玻色子、电子、夸克以及其他粒子。如果确实如此，那么当希格斯场消失后粒子就没法保持静止，而只能以光速运动。当然，空间内的希格斯场是无处不在不会消失的。当你阅读此书时，你的目光正在穿过希格斯场：光子没有和希格斯场发生作用，依旧按光速传播。

希格斯场实际上非常奇特。希格斯场无所不在，会和粒子发生作用从而赋予粒子以质量，这种质量会导致粒子在空间中的飞行速度小于光速——比如电子。但是粒子会继续无阻力运动：根据牛顿定律，没有外力作用时粒子会保持匀速直线运动。如果我们意识到粒子的能量决定其速度，那么就能得出这个谜团的部分解答；因为希格斯场是真空的最低能量状态，所以粒子和希格斯场之间无法进行能量交换，因此粒子也会保持速度不变。而相对于希格斯场的速度的绝对值也是不可能被测定的❶。

就像超导性和磁性这些最低能态只能存在于足够低温的条件下，充满希格斯的真空也是一种在足够"低"温度下存在的最低能态，而这个"低"代表10^{17}℃！在10^{17}℃以上，理论上认为宇宙的基态不包括希格斯场。在宇宙大爆炸发生后的万亿分之一秒，宇宙温度高于这个值，而希格斯场从这时开始才充满真空，并赋予基本粒子以质量。

就像电磁场中发生涟漪产生量子包——光子，希格斯场会产生希格斯玻色子。在鸡和蛋理论下，希格斯玻色子本身会感知到弥漫的希格斯场从而具有质量。希格斯理论认为，希格斯玻色子质量非常大，约为氢原子质量的 1 000 倍。根据量子测不准原理，虚拟的希格斯玻色子在真空中做内外波动，如果精确测量真空对于粒子（比如电子）的影响以及力载体 W 和 Z 的性质，就会发现它们都会受到虚拟的希格斯玻色子的影响。将所有这些研究结果汇总，我们会发现希格斯玻色子似乎比之前想象的要轻，也许只有氢原子质量的

用专业术语来说就是："希格斯真空是一种相对论真空。"

150 倍。在 CERN 有一条磁性环长达 27 千米，可以约束高速质子，当高速质子相互对撞会产生一种适宜玻色子生成的环境。这个加速器称为"大型强子对撞机"（LHC），经过十年的艰苦建设于 2007 年完成。这个实验可能需要数月来完成，而之后的数据分析和提炼更需要数年。如果虚空中真的充满了希格斯场，那么大型强子对撞机将很快给我们答案。

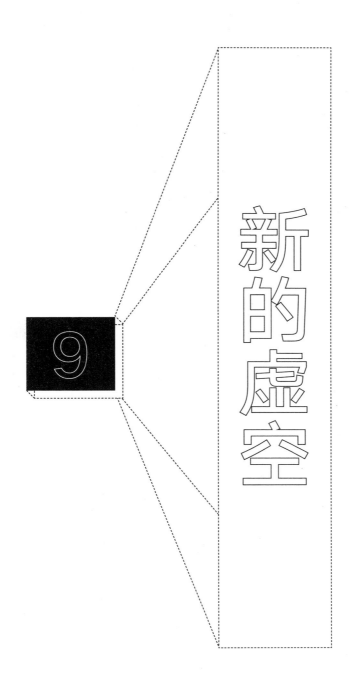

新的虛空

9

9.1　宇宙的状态

　　在本书的开始，我们提出了一个问题"万物从何而来？"经过两千多年的争论不休，现在的答案是："万物皆来源于无。"现代物理学认为，宇宙可以从真空中出现。"没有什么比'无'和'有'之间的联系纠葛更加重要和显著了"[1]，或者通俗一点讲，"宇宙也许是最后的免费午餐"[2]。这些观点认为，我们的宇宙可能是一个巨大的量子涨落，其总"虚拟"能量非常接近零以至于其寿命变得极长。这种现象之所以发生，源于无处不在的万有引力提供了宇宙的正

Aitchison. *Nothing's Plenty*, P385.

A.Guth，引证自 S.Hawking. *Brief History of Time*, Bantam, 1988；相关权威描述请参见 V.J.Stenger, *The Universe:The Ultimate Free Lunch*, European Journal of Physics, 11 （1990），P236.

能量和负能量。要说明这点，最简单的方法也许要追溯到第 2 章中论及的原子中的电力如何排斥外来物质。

原子核带正电，周围布满电场以抵御其他的正电粒子——比如阿尔法粒子。想象有这样一个阿尔法粒子，从遥远的地方向原子核高速逼近。此时的总能量就是阿尔法粒子的动能。❶ α 粒子与原子核靠得越近，它感受到的排斥力就越大，速度也会变得越慢。如果它正面撞上原子核，会最终导致一瞬间的静止，然后会按原路返回。在它静止的那一瞬间，其动能是零。根据能量守恒，我们说它的动能转换成了势能。

力的大小会随着距离的平方呈反比变化，而这里势能值和距离成反比。所以当距离很大时，比如在 α 粒子入射的起点，势能接近于零。当 α 粒子越靠近原子核，它的势能就越大。势能增大的同时动能在减小，直到 α 粒子到达最靠近原子核的位置，这个瞬间 α 粒子静止，势能达到最大值——等于出发时所带的动能。

在这个例子中，所有的能量都是正的；起点的正动能转化成了终点的正势能。现

为了将问题简单化，我在这里忽略了相对论效应和 mc^2，最终的结论不受影响。

新 的 虚 空

在假设用负电粒子代替正电粒子，比如远处的电子靠近带正电的原子核。如果最初电子是静止的，那么其动能为零，又因为其远离原子核，所以势能也为零。此时动能和势能的总和实际上是零。但是由于存在一个吸引力，电子会被吸向原子核，速度慢慢增大从而拥有动能。因为总能量必须保持为零，所以正向动能的增加意味着势能会为负，而且负值会随着靠近原子核而越来越大。所以对于吸引力而言，势能可以为负。

对万有引力来说也是一样，物质互相吸引，拥有负势能。太阳引力场中的地球以及其他行星全部都具有负势能。实际上它们的势能和动能之和小于 0，所以它们被限制在了太阳系中，受太阳引力的禁锢。与此类似，你我也被地球的引力所禁锢。我们用力向上扔一个东西，虽然最初给了它动能，但是它还是会在到达一个最高点后落回地面，除非给它的初始速度大于 12 千米每秒——这被称为"逃脱速度"。只有大于这个速度，物质的动能和势能之和才为正，然后才能摆脱地球的引力；但是对于太阳系而言，它的总能量还是为负，所以其在摆脱地球引力之后还是会留在太阳系中。

万有引力弥漫在整个宇宙中，导致宇宙中禁锢的所有物质都具有负势能。甚至将物质的 mc^2 能量都算上，宇宙的总能量也可能只是零。因此，根据量子理论，宇宙是一个巨大的真空紊动，其总能量非常接近于零，所以可以存在很长一段时间直到真空最终稳定。如果总能量为零，那么宇宙就可以永远存在。

如果事情当真如此，那么谁能说我们就是唯一的宇宙呢？为什么没有其他的多元宇宙呢？很多理论学家都在严肃地思考这些可能，同时很多科学家也在考虑这些观点在实验上是不是可以验证。

随着宇宙膨胀，空间会扩展，但是电磁力会使物质保持聚集而不改变大小，比如行星和恒星；而物质之间的空间会增大。而由于电磁辐射不受约束，所以它的波长随着宇宙膨胀而增大。从量子理论中我们知道，波长与能量成反比，那么过去的宇宙背景辐射应该更热——现在它仅仅比绝对零度高 3 ℃。对于物质也有相似的结论。随着宇宙膨胀，引力场中禁锢的物质势能会增大，对应的动能就会减小。这种宇宙整体的变慢，表现出来就是温度的降低。根据对宇宙膨胀率的观测以及现有的背景温度知识，我们可以反推并估计出亿万年前的宇宙温度。当我们越靠近宇宙大爆炸，宇宙温度就越高。

当时的粒子间相互碰撞比现在剧烈得多，温度甚至超过 4 000 ℃。在如此高温下，原子无法存在，它们会被电离，就像现在太阳内部发生的一样。进一步来说，当温度超过 10^9 ℃时，原子核也会分解；在这种情况下，只有粒子和射线混成的等离子体存在其间。在未达到这个能量之前，就已经足够出现物质和反物质中的粒子了。所有这些证据都指向一个结果：我们所在的宇宙来自一个高温射线构成的真空。

科学家们在 CERN 的粒子加速器上进行了实验，给出了高能和对应超高温下物质粒子和力的状态。这些结果使我们能够计算出宇宙在 10^{27} ℃时的状态，这个温度对应的时间点距宇宙大爆炸约 10^{-33} 秒。就像我们之前看到的，在不同的温度下真空会发生相变，其中的一些相变已经被证实，而其他的还在推算中。经过 10^{-10} 秒后，温度降低到 10^{15} ℃以下，此时电磁力和弱力开始出现；通过重建这种温度，实验已经证实了这个理论。理论证实，在略高一点的能量下，对应时间约 10^{-12} 秒时，冷却中的真空发生了相变从而导致希格斯场被禁锢而赋予粒子以质量。

至此，我们可以得到一幅画面：随着真空中的量子紊动，宇宙怦然而出，带着极高的温度和极快的膨胀速度。这导致大量的物质和反物质对称出现——虽然至今仍未有证据证明反物质仍然存在。现在的科学相信，在质子和反质子之间一定存在某种不对称。虽然它的起源仍是个谜，但是它可能是另一个例子，用来说明随着宇宙经历相变而产生的自发对称崩溃。

9.2 暴　胀

在这出宇宙演变的大戏中，还存在很多谜团，包括热能从何而来？此外，根据凝聚态物理中的相变实验，我们知道相变不会是完全平缓的。比如，当高温金属冷却生成磁体，磁性会在不同位置变化，形成泾渭分明的磁性"区域"。整个金属中会有各种瑕疵和不均匀。相似的情况也会在宇宙中发生，当宇宙经历相变时，会产生很多现象比如能量壁垒、宇宙弦等——你爱怎么叫怎么叫。对于其中的任意一个事件，我们都尚未找到清楚的理论来解释这些奇葩的存在。而且，理论认为这一系列的事件会使宇宙的演变速度极快，以至于宇宙的寿命应该是几万年而非现在的几百亿年。关于这个巨大的悖论，艾伦·古斯（Alan Guth）和保罗·斯泰哈特（Paul Steinhardt）❶提出了一个观点可以对其进行解释，他们认为宇宙只是某个更大的篇章中的一个章节。在这个被称为暴胀论的理论框架下，这些微观"章节"中的某一个剧烈暴胀最终形成了我们的宇宙。乍一看

对于暴胀理论的一个常用描述参考 Science of American，250（1980），P116。也可以参考 J.D.Barrow 的 The Book of Nothing（Vintage，2000）以及 Aitchison 的 Nothing's Plenty。

新 的 虚 空

这似乎有违常理，因为它要求物质自发向外扩散，而在宇宙的万有引力作用下这是不能发生的。然而，广义相对论认为压强会和质能和动量一样发生作用，如果压强为负并且超过了质量以及热能，就会导致快速暴胀——一种"反引力"效应。

古斯注意到，如果"实"真空内存在希格斯场，那有可能我们宇宙中某个区域一直处于一个不稳定的或者"伪"真空中。（所谓的"伪"真空类似于铅笔笔尖平衡立在桌面时的状态，而"实"真空则是铅笔倒下以后。）回想一下，将希格斯场注入"伪"真空中之后会降低整体的能量。在"伪"真空中，总能量与体积成正比，而体积的增大必然对应着某种作用。由于希格斯真空内的能量态更低，所以"伪"真空的体积会有压缩的趋势；所以相对于真正的希格斯真空而言，在"伪"真空状态下，压强实际上是负的。由此，如果"伪"真空中某个区域出现紊动，负压的效应就会压倒物质的引力效应，导致暴胀。在这种框架下，宇宙会从"伪"真空向希格斯真空转化，所以有可能在极短的时间内产生巨大的暴胀。

超冷系统下的凝聚体物理中有很多这种例子。这就是为什么很多时候系统会处于一种"错误"期，比如水在名义上的零点温度以下时仍然处于液态。宇宙的真空中也发生过类似的情况。"伪"真空中发生一次涨落并持续蔓延；

之后宇宙才转换成了"实"真空。科学家们通过计算得出，此情况下一个空间区域可以经 10^{-34} 秒将尺寸增大一倍^❶。

Aitchison.*Nothing's Plenty*, P388.

暴胀期之后，这种"伪"真空向"实"真空的转换就释放出能量，就像水结冰时放出潜伏热一样。放出的这些能量形成了物质粒子，它们最终形成了各种星系以及生物。这些能量与万有引力的负势能相抵消，使得总能量趋近于零。

这种暴胀带来的效应是惊人的。我们现在可见的宇宙直径约 10^{26} 米。倒退一下，当宇宙温度为 10^{28} ℃时，即暴胀结束时，那时候的宇宙仅有大约几厘米这么大。而这个暴胀大约放大了 10^{50} 倍，这意味着最初的强烈波动大约只有 10^{-52} 米这么大，这个尺寸完全符合量子引力预期。

在这种暴胀中，存在一种速度更快的逃逸暴胀。逃逸暴胀速度极快，产生了很多效应。一些曾经亲密靠近的物质，距离很近足以传递辐射等信息，但逃逸暴胀使得它们被瞬间推到了宇宙的两边，遥远的距离使得它们无法沟通，变成了完全不相关的部分。举例说，在太空中两个相反的方向上，存在很多相距我们 100 亿光年的星系，这就意味着它们现在相互之间的距离超过 140 亿光年，这个距离甚至超过了光在宇宙年龄内能飞行的距离。但是这些星系遵守相同的物理定律，它们上面的元素谱像传真一样穿过宇宙到达地球，通过这些谱可以发现整个宇宙中这些元素以及对应的性质都是相同的。宇宙中的本底辐射具有相同的温度和强度，相互之间的差别小于千分之一。很难相信这种一致完全是因为巧合。我们现在所知的宇宙曾经在过去某个时期一定是相互联系的；如果没有暴胀，这就说不通了。

数学家们正在竭尽全力来描述量子理论下场的效应为何。一种结论认为，暴胀几乎不可避免，它有利于宇宙的膨胀，只是会让描述的机制变得复杂。在我们现在的能力下，只能从现在的宇宙向前追溯，从而计算出暴胀的模型，然后再看看能不能通过实验来验证计算是否正确。量子引力时期的时空构架下的微小波动会作为一种吸引体，将物质聚拢起来最终形成星系的雏形。如果我们对宇宙做一个计算机模拟，考虑它现有的结构和引力，然后将时间向前推演，会发现曾经的真空波动强度应该只有万分之一。这意味着在星系形成之前的本底射线中，可能会包含有相关的信息。在几年前，通过 COBE 卫星（宇宙本底探索者）和 WMAP 卫星（威尔金森微波各向异性探测器）的精确观测，已经证实了以上可能性。当宇宙温度发生万分之几的变化时，它们就能探测到。它们的特别之处还在于可以用不同的分辨率来测量这些波动，小角度或者大范围，最终发现宇宙的那些不规则行为——分辨率越高，经过多次重复测量以后得到的细节也就越多。如果观测到的这些现象都是由暴胀而引发的，那似乎和预期非常一致。2006 年的诺贝尔物理学奖就授予了这个研究领域中的领军人物。

我们现在所观测到的最好数据，支持了暴胀产生宇宙这个理论。如果事实果真如此，那么我们可以就"我们来

图 9.1　通过 COBE 和 WMAP 卫星观测到的宇宙微波本底射线的变化

自何处"这个问题给出一个可能的解答。我们基于观察和实验科学而建立的宇宙观与这个解答完全相符。然而，虽然这个解答回答了我们最初的问题，但代价是引出了更多的、更深奥的潜在难题。暴胀之前，是引力主导时期。我们之前曾经暗指过，当时空存在这种尺度的波动时会具有一些奇异的性质，而且通过卫星对本底射线的观测也发现了一些这种波动的貌似残骸。有理由相信，我们这个膨胀中的宇宙从来都不是一次性事件。可能有很多其他的这种宇宙，它们通过相同的模式爆发成现在的样子，只是它们都远超出了我们能意识到的范围。我们的周围，各种力的性质是如此惊人的一致，基本粒子之间的质量也是如此相似，空间有 3 个维度，从而使得万物可以在其中生长 ❶ ——人们不禁要问：为什么这个宇宙会变得如此适合我们？科学家们就此给出了很多推测，其中一条认为存在多重宇宙，甚至可能是无限重，各自具有不同的性质和维度；其中一个恰恰适合我们，所以我们在其中慢慢进化成了现在的样子。虽然我怀疑能否在科学的范畴下

在 Google 搜索中可以找到很多关于人类学原理的书籍和文章。其中较新的一本描述多重宇宙的书是 P.Davies.The Goldilocks Enigma，Allen Lane，2006.

验证这种推测，但是无论如何，欢迎大家来到多重宇宙！

9.3　更高维度

在量子宇宙观之下，我们所谓的空间和时间会显现出一种量子泡沫。量子宇宙观不违背现有的所有科学理论，甚至更加适应宇宙中发生的各种现象；但是从另一个角度来讲，它也没有符合的数学描述来说明为何宇宙会变成我们看到的样子，而且也没有权威的实验测试。所以直到现在，它也只是像信仰一样被人们相信，但随着实验水平的提升也许很快我们就能通过实验的办法来验证它了。这里先对此进行说明，然后再继续我们的话题。

时下流行的理论认为，宇宙中的维度远比我们现在感知到的多得多。用科学术语来说，就是一些维度"卷曲"成了极小的尺度从而导致实验无法测得，而另一些则从大爆炸中膨胀出来形成了我们现在所在的四维时空中常见的宏观大尺度物质。这就引出了一堆问题：维度究竟是何物？没有"填充物"的时候它们还会存在吗？3个空间维度有何特殊之处？如果存在更多维度，我们怎样才能通过科学的办法观测到它？

如果你只感知到一个维度，比如从南到北的本初子午线，那么，一个朝东走的人就会从你的线性世界中消失。进一步，如果我们只能感知到一个面，那么当飞机起飞时我们就会发现它慢慢消失了。如果存在一个第四维度，而且存在一种超级物质能够在其中移动，那么当它的四维运动路径与我们的三维空间发生交集时，它就会像鬼魅一样一下在我们眼前出现，然后一晃而过消失不见。这几乎达到了我们现有真实世界的极限。这种在四维中运动以及对应的消失，可能听起来像科幻小说，但是我们还是能够想象得出：比如，时间，以及那些炙手可热的时间旅行类科幻小说。

时间怎么就成了一个维度呢？如果我们将历史上的各种记录作成某个方向上的点，就会发现时间确实在延伸。如果我们所在的三维空间内有人能够制造出一台时光机，使得人们可以在这个时间轴上任意地向前或者向后移动，那么时间维度就和空间三维中的任意一维没什么两样了。如果我们有这么一台时光机，就可以在第四维度上自由移动；而没有时光机的话，我们就只能永远被牢牢地卡在现在，眼睁睁地看着其他人坐时光机去了"昨天"——消失在我们眼前。相反，如果我们处于昨天的某个三维空间位置上，可能会看到一些人突然凭空出现在眼前。

由此可见，时间具有作为一个维度的所有特性，但是却与 3D 空间的维度有本质的不同。我们存在于一个时间点上，即"现在"；但是现在却是另一个现在，在这个时间点上我们能够回想起之前的现在发生的林林总总，但是不能阻止现在不停地到来而又不停地离开。时间是一个存在某种限制的维度；要想在时间维度上向前看，我们可以向太空中探索，因为光从这里到达远处的星球是需要一些时间的。

当我们赏月的时候，看到的其实是月亮约一秒钟之前的样子；类似的，我们白天看到的是 8 分钟前的太阳；而夜空中的星光花了几千年甚至更久才到达地球，所以在我们眼里它们似乎回到了几千年前。如果在这个距离的某个星球上存在一些外星人，他们和我们一样也仰望星空，就会看到几千年前的太阳，那时候也许地球上根本还没有人类。"现在"的概念在此似乎变得模糊起来了。

通过观察宇宙深处，我们能够朝着宇宙大爆炸来回溯时间。如果我们宇宙的时间和空间都是那时候形成的，那么至今这个时间维度不会超过 140 亿年。我们可以向未来迈进，也能回头看到过去；所以时间拥有维度的各种性质，我们可以在上面移动，但是却又和 3D 空间维度不尽相同。在空间上，如果我们不喜欢目的地，我们可以选择回到出发地；而时间却一去不复返了。

自从哈勃观测到星系之间的距离正在慢慢变大，我们就意识到了宇宙正在膨胀，从大爆炸开始，这种膨胀已经持续了 140 亿年。大爆炸的原因和来源可谓是现代版的创世神话。一直以来，人们尝试解答这些问题却一筹莫展，好在我们现在有了量子理论，它能够为我们提供很多新的观点，不仅包含真空的介质观，也包括空间和时间的不确定性质。我们最多只能通过我们的实验结论推演来想象一下那个时期的情形。当物质紧紧压缩在一起时，会感觉到引力作用，这一点符合广义相对论以及量子力学定律。

正如我们之前所见，广义相对论在大尺度上描述宇宙，而量子力学对亚原子尺度上的现象进行状态精确描述；人类有望很快找到一个统一的数学模型和实验支持的理论，最终将这两个 20 世纪科学中最伟大的支柱联合起来。要想了解宇宙在大爆炸之初的样子，我们需要一种关于引力的量子理论。在广义相对论中，时空扭曲与能量聚集有光。在量子宇宙中，能量的不确定或者拖尾都会导致时空扭曲而出现不确定性，引发远处出现波动，或者更特殊的情况下会导致度量标准的波动。整个几何都会变得不确定；维度的概念甚至维度的数量都变得不可捉摸，超出了我们现有实验的测定能力。

对于这些问题，当下最有前途的理论当属弦论❶，它能够契合多维宇宙——也许是 10 维。现在我们还不知道，这种高能量多维度下的物理简化是否只是一种数学计算技巧从而使得简单计算变得可能，又或

这些理论在数学上非常深奥而令人激动。参看 Brian Greene，*The Elegant Universe*，Jonathan Cape，1999. 但是，目前我们还远远不清楚它们主要是一种数学上的冒险，还是万事万物的本质理论。在 Peter Woit 的 *Not Even Wrong*（Jonathan Cape，2006）一书中给出了一些非常挑剔的评估。

者它是否暗示着某些更加深奥的宇宙构造问题。无论如何，要将如此高维度的宇宙和我们生活中感觉到的宇宙联系起来，我们只能认为除了 3D 空间的三个维度之外的其他维度都非常小因而可以忽略不计。虽然在量子引力时期所有维度都均有相同的重要性，但是只有时间和空间维度暴胀并最终顺应了我们今天所感觉到的宏观宇宙。

在我们所谓的空间和时间之外，是否还存在其他维度？科学将很快给出解答。除了上下、前后、左右，也许"其中"还存在更多的方向。直到最近，仍然有观点认为更高的维度已经永远消失在量子泡沫中了，但是当人们试图解释为何在原子尺度下万有引力比其他力弱得多时，提出的各种新奇理论指向似乎引力可能被泄露到更高维度中去了，这个维度存在一个可探测的尺度，通过 CERN 新建的大型强子对撞机实验可以测到。前面我们给出了一个例子，飞机在三维空间起飞时，在二维平面上看来是似乎慢慢消失了；与之类似，如果时空像瑞士奶酪一样，其中存在很多小得几乎处于我们现有测量能力极限的气泡，那么从第五维度中出现或者消失进第五维度的粒子就会在 LHC 上产生信号。

9.4 搜寻虚空

更高维度的观点可能正确，也可能只是天方夜谭，但它至少能帮助我们进行思维训练。当我们试图解答宇宙大爆炸前状态所引出的各种悖论时，这种思维训练就显得必不可少了。

人类感觉到的时间是一种简单的线性维度，这就会造成很多问题。如果宇宙的历史罗列在一条竖直线上，"现在"是线上的一个点，将来位于其上方，过去位于其下方，而大爆炸位于最底部。但是大爆炸就是最底部了，时间在此停止，其下方空空如也。这时候虚空的概念开始繁荣起来；人们用各种诗歌来填充这个超出我们想象力极限的真空。《创世纪》的作者认为，起初只有"无尽深渊表面的黑暗"；印度古老经典《梨俱吠陀》中认为这种未知世界更加玄妙："黑暗隐藏着黑暗。"

之前我们提到过，平面上的人无法感知到平面外的维度。也许我们和他们类似，无法感知到我们熟知维度以外的东西。

如今我们已经熟知爱因斯坦的四维空间构图以及引力造成的扭曲。霍金和哈特尔将其继续推进并将宇宙想象成一个五维球体的四维表面。我无法想象这种情景，也仅能在数学上和作者保持一致。但是我们可以想象一种更简单的情况，其中我们再扮演一回生物，只能感知到有限的空间维度，这种维度下宇宙在随着时间膨胀。这意味着，宇宙之所以看起来在膨胀，只是因为我们的认知能力有限而已。在霍金-哈特尔模型中，膨胀从来不存在也从未开始：

宇宙一直简单地存在于此。

抛弃我们的三维空间加时间的模式想象一个宇宙，其中只有一维空间加时间，从一个点（即"大爆炸"）指向终点（即"大坍缩"）。霍金和哈特尔提出，时间可能不是一个简单的线性流动，而是具有其他维度的，他们称之为"假想时间"。假设我们将宇宙描述为在一个空间维度加上时间以及假想时间球体中的表面上。我们可以通过球面上的经纬度来确定球上的点，就像我们确定地球表面位置一样。在霍金和哈特尔的构图中，维度关联着时间，经度关联着所谓的"假想时间"。那么，大爆炸就处于北极而大坍缩处于南极。每一条维度线都对应着一个特定时间，比如 40 度也许就对应着"今天"。

现在看一下北极附近的区域。随着向时间零点靠近，假想时间的网格开始变密，越靠近北极这些经度线就越交汇。在极点并不会出现一致；之所以所有的经度线都汇聚于此，只是因为我们只能这样作图。在地球上，如果你抗冻能力强，就能沿着北极圈旅行，和在地表其他位置旅行没什么区别。如果我们愿意，可以用放射线将地表铺满，这些线可以从伦敦发出再在地表对面收拢。

霍金和哈特尔的假想时间可能只是——假想。或者可能存在一种数学上一致的理论，只是超出了我们的想象而已。那个困扰了人类 3 000 年的问题有了一个时髦的例子：基于对时间和三维空间的宏观感知，我们的思维里构建出

新 的 虚 空

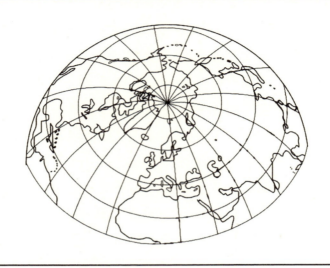

图 9.2 空间和假想时间下宇宙的历史

了一个世界观。在这种思维构架下，我们描述物质和能量。而当我们被限制在这种思维构图下就出现了宇宙"开始"这种悖论。140亿年前，空间和时间极度扭曲涌动，以至于当时的"情形"远超出我们的理解能力。大爆炸创造了时间和空间。而在大爆炸之前，并不存在昨天（当然这里的"之前"只在我们熟悉的思维构架下才有意义）。

应该可以想象出，当最初紧致的宇宙在量子引力时代出现，时间取代假想时间，这就是所谓的宇宙大爆炸。关于万物从何而来、如何"起源"等问题被抛在一边；这种构架下的宇宙没有开始、没有结束——它本来就是这样。

那么我们是不是找到了时间问题的答案，创世的悖论是不是也迎刃而解了呢？对此我不太确定；至少对我而言，假想时间是无法假想的。我们发现了一个庞大的问题，但是并没有发现解决此问题的办法。宇宙为何如此，宇宙处于什么之中，这些都是未解之谜。

如果多重宇宙是像量子涨落一样爆发出来的，导致我们的泡沫偶然地中了头奖——其中的规律、维度和力刚好适合我们生存，但还是需要回答一些问题：何人在何处制定了这些量子规则，使得所有这些变成可能。阿拉克萨哥拉（Anaxagoras）的理论正确吗——宇宙来自混沌的重排，而鼻祖物质就是量子虚空？或者问题的答案也许是霍金和哈特尔的宇宙论——没有开始没有结束，一直存在，以至于泰利斯的理论是正确的：物质不能无中生有。创世悖论因此变成了迄今仍未解决的一个关于时间和空间性质的谜题。

3 000 年前，古希腊哲学家首次预测了创世神话——物质从无到有，在之后的漫长岁月中，科学家们渐渐发现了很多古人无法想象出的事实。无限深邃、充满粒子并且可以呈现不同形态的量子虚空，量子涨落的可能性：这些东西都远超出了古人哲学的想象范围了。他们不会想到，物质内部的正能量和无处不在的引力场负值相互抵消使得最终的宇宙总能量趋于零；在考虑量子不确定后，可能任何物质在实际上都成了虚拟时间中的一些量子波动而已。所以，钟声又或许只是源于量子波动。

但是，如果事实如此，我还面临着另外一个谜题：是什么将量子可能性安排到虚空中去的呢？在《创世纪》中，一些神说道："让我们有光"，但是在《梨俱吠陀》中，神只是人类想象的产物，用来解释一些超自然现象而已："后来神来到世间，他知道所有一切。"随着科学的出现，更多的答案被发现，而相应的，更多问题也涌现出来，需要我们在今后一步步解答。浮游其间，我赠予大家一句来自《梨俱吠陀》的诗句来解释：

没有不存在，没有存在；

黑暗掩蔽了黑暗，

万事万物，都封存在无尽虚空中。

书目提要

本书中，我尽我所能对无进行了描述，但是还有很多无法包含在内。书中我参考了很多书籍和文章，在此我罗列出一部分并给出阅读建议。当然这些并不够透彻。如果你对无非常有兴趣，那么巴罗（Barrow）和根茨（Genz）的书可以提供更宽广的参考以及更加深刻的理解。

The Book of Nothing, John D.Barrow (Vintage, 2000)以及 *Nothingness*, Henning Genz（Perseus, 1999）。这两本书从某种角度上说，对真空和其他的"无"的表现描述得更加深入。在书中还描述了关于 0 的数学故事以及一些宇宙学方面的细节知识，特别是多重宇宙。根茨对希格斯机制的描述尤其到位，同样描述了凝聚态物质系统中的自发对称破坏。

A Different Universe, Robert Laughlin（Basic Books, 2005）。此书描述了宏观现象法则的自然原理，以及真空的性质。

Lucifer's Legacy, Frank Close（Oxford University Press，2000）。此书描述了自发对称破坏以及很多自然界

中的对称例子。*Particle Physics: A Very Short Introduction*（Oxford University Press，2004）以及 *The New Cosmic Onion*（Taylor and Francis, 2007），这两本书的作者都是 Frank Close，介绍了粒子物理，构成了本书之后章节内容的一个基础。

The Goldilocks Enigma，Paul Davies（Allen Lane, 2006），描述了多重宇宙的概念，以及为什么我们所在的宇宙会如此适合我们。

The Particle Odysseys，F.E. Close, M. Marten 和 C.Sutton（Oxford University Press, 2002），对现代物理历史作了深入且生动的描绘。

Einstein's Mirror，A. Hey 和 P. Walters（Cambridge University Press, 1997）通俗易懂地介绍了相对论；*The New Quantum Universe*（Cambridge University Press, 2003）则对量子理论进行了生动介绍。

Nothing's Plenty: The Vacuum in Modern Quantum Field Theory 是 I.J.R. Aitchison 发 表 在 *Contemporary Physics*, 26（1985），333 的文章，其给出了一种对于现代量子真空理论的更高级的讨论。

图书在版编目（CIP）数据

虚空：宇宙源起何处/（英）弗兰克·克洛斯
（Frank Close）著；羊奕伟译. -- 重庆：重庆大学出
版社，2018.4（2018.9重印）
（微百科丛书）
书名原文：The Void
ISBN 978-7-5689-1049-1

Ⅰ.①虚… Ⅱ.①弗…②羊… Ⅲ.①时空—普及读物
Ⅳ.①0412.1-49

中国版本图书馆CIP数据核字（2018）第069554号

虚空：宇宙源起何处
XUKONG:YUZHOU YUANQI HECHU
［英］弗兰克·克洛斯（Frank Close）著
羊奕伟 译

策划编辑：敬 京 张家钧
责任编辑：陈 力
责任校对：刘志刚
装帧设计：韩 捷
*
重庆大学出版社出版发行
出版人：易树平
社址：（401331）重庆市沙坪坝区大学城西路21号
网址：http://www.cqup.com.cn
北京盛通印刷股份有限公司印刷
*
开本：890mm×1240mm 1/32 印张：6 字数：111千
2018年6月第1版 2018年9月第2次印刷
ISBN 978-7-5689-1049-1 定价：48.00元